EDITION SEL-STIFTUNG

Herausgegeben von Gerhard Zeidler

Klaus Kornwachs

Information und Kommunikation

Zur menschengerechten Technikgestaltung

Springer-Verlag
Berlin Heidelberg New York
London Paris Tokyo
Hong Kong Barcelona
Budapest

Prof. Dr. Klaus Kornwachs
Fraunhofer-Institut für Arbeitswirtschaft
und Organisation (FhG-IAO)
Nobelstraße 12, D-70569 Stuttgart

Neue Adresse:

Lehrstuhl Technikphilosophie
Technische Universität Cottbus
Karl-Marx-Straße 17, D-03046 Cottbus

Mit 2 Abbildungen

ISBN-13: 978-3-540-55667-1 e-ISBN-13: 978-3-642-77642-7
DOI: 10.1007/978-3-642-77642-7

Die Deutsche Bibliothek - CIP-Einheitsaufnahme
Kornwachs, Klaus: Information und Kommunikation:
zur menschengerechten Technikgestaltung/Klaus Kornwachs.
Berlin; Heidelberg; New York; London; Paris; Tokyo; Hong Kong; Barcelona;
Budapest: Springer 1993
(Edition SEL-Stiftung)

Vorwort

Wer einen Beitrag zur menschengerechten Gestaltung der Informations- und Kommunikationstechnologie leisten will, der darf nicht nur

- eine Anpassung des Arbeitsmittels und damit auch des technischen Mediums der Kommunikation an die physiologischen und anatomischen Bedürfnisse des Menschen betreiben,
- das Spektrum der möglichen Funktionen der Informations- und Kommunikationstechnik erweitern und vervollständigen, damit sie allen Benutzer- und Betreiberinteressen gerecht werden können, und
- sozialwissenschaftliche und arbeitswissenschaftliche Erkenntnisse bereits zu Beginn des Gestaltungsprozesses einer solchen Technologie einfließen lassen,

sondern er muß auch

- die anthropologischen Voraussetzungen der Kommunikation klären, deren quantifizierbare Auswirkungen am ehesten in der Arbeitswelt festzustellen sind, sich aber auch auf alle anderen Lebensbereiche erstrecken,
- sich die Erkenntnisse verschaffen, die zu einem Verständnis dieser Technologie und ihrer sozialen, wirtschaftlichen und individuellen Folgen notwendig sind,
- die organisatorischen, ökologischen und ökonomischen Randbedingungen sowie den soziotechnischen und gesellschaftlichen Rahmen verstehen, in dem technisch vermittelte Kommunikation stattfindet, und
- in einen Dialog mit den Technikherstellern, den Techniknutzern und den interessierten und betroffenen gesellschaftlichen Gruppen sowie den wissenschaftlichen Einrichtungen eintreten, der permanent sein muß.

Das vorliegende Buch ist in der Absicht geschrieben worden, gerade zu der zweiten Gruppe dieser Forderungen einen Beitrag zu leisten. Es geht auf Forschungsarbeiten zurück, die zwischen 1987 und 1991 durchgeführt worden sind. Die SEL-Stiftung, die dem Autor den „Forschungspreis Technische Kommunikation" des Jahres 1991 für seine Arbeiten auf dem Gebiet der Systemtheorie und Technikphilosophie sowie für das Manuskript des vorliegenden Buches verliehen hat, hatte auch angeregt und dazu ermuntert, die Ergebnisse in dieser Form für die *Edition SEL-Stiftung* zusammenzufassen und darzustellen. Hier möchte ich ausdrücklich meinen Dank Herrn Prof. Dr. Zeidler, dem Herausgeber der Reihe, aussprechen.

An dieser Stelle sei auch ein Dank dem Fraunhofer-Institut für Arbeitswissenschaft und Organisation, Stuttgart (Leiter: Prof. Dr.-Ing. habil. H.-J. Bullinger) abgestattet. Für zahlreiche Hinweise und kritische Anmerkungen bin ich besonders Herrn Prof. Dr. J. Becker und Herrn D. Klumpp, dem Geschäftsführer der SEL-Stiftung, zu Dank verpflichtet. Herrn Dr. H. Wössner von seiten des Verlages danke ich für seine Hilfestellung technischer wie inhaltlicher Art. Dank gebührt nicht zuletzt Frau M. Hammer, M.A., für die Korrekturen und ihre unermüdliche Assistenz.

Das Buch sei dem Gedächtnis meiner Mutter gewidmet, die im April 1991 verstorben ist.

Rottenburg-Wurmlingen, Januar 1993 *K. Kornwachs*

Inhaltsverzeichnis

1. Einleitung

1.1 Die neue Qualität von Information und Kommunikation

Die Begriffe „Information" und „Kommunikation" haben ebenso wie die Vokabeln „System" oder „Neue Technologien" durch ihren fast inflationären Gebrauch und durch ihre breite Verwendung ihre ursprüngliche, wohl etwas präzisere Bedeutung verloren.

Der Informationsbegriff war seit seiner ersten quantitativen Formulierung in einer mathematischen Theorie der Kommunikation (SHANNON, WEAVER 1949) immer wieder Gegenstand von Definitionsversuchen. Das hängt damit zusammen, daß der nachrichtentechnische Informationsbegriff, der ein quantitatives Maß für die Aufhebung einer ungewissen Situation in bezug auf die Eintretenswahrscheinlichkeit von Signalen oder Zeichen liefert, „unglücklicherweise in das Raster der Semiotik" geraten ist.[1] Deshalb wurde der Begriff der Information auch semantisch oder handlungstheoretisch interpretiert. Das hat zu vielen Mißdeutungen und philosophisch wie praktisch unbefriedigenden Spekulationen geführt – insbesondere wurde aber die Diskussion darüber, was Information *sei*, in fast jeder akademischen oder technisch-praktischen Disziplin separat und ohne Bezug zu benachbarten Disziplinen geführt.[2]

Unter Informationsverarbeitung versteht man meist das, was Rechner mit Daten anstellen, und deshalb war es auch immer eine beliebte Frage, wie aus Daten Information würde. Wie sehr die Begriffsvielfalt fortgeschritten ist, läßt sich auch daraus ersehen, daß im zumindest bis 1990 geltenden Patentrecht beispielsweise Software alleine nicht patentfähig ist, sondern nur, wenn

---

[1] Vgl. E.U. v. WEIZSÄCKER (1974, S. 82–113). Ob das ein Unglück gewesen ist, sei dahingestellt. Jedenfalls ist beim Informationsbegriff versucht worden, auf metrischen und syntaktischen Begriffen aufbauend, semantische Begriffe abzuleiten. Das hat sich heute als unmöglich herausgestellt.

[2] Einige Beispiele hierfür: In den Rechtswissenschaften vgl. BEYER (1990), in der Soziologie vgl. HUND (1976), WERSIG (1973), in der Technik vgl. ZEMANEK (1972), in der Philosophie vgl. NAUTA (1972), GÜNTHER (1963, 1976–1980) und WEHRT (1984). Eine ausführliche und vergleichende Zusammenstellung findet sich in CAPURRO (1978) und in KORNWACHS (1987).

„sie eine technische Einrichtung lehrt“ (d.h. steuert),[3] im Urheberrecht Software hingegen als eine sprachliche Schöpfung angesehen wird, während die Informatik und die Systemtheorie ein Programm als eine formale Beschreibung einer Theorie über einen Gegenstandsbereich ansehen. Es ist genau der Gegenstandsbereich, in dem diese Software problemlösend, also funktional eingesetzt werden kann.

Informationstechnik umfaßt nach allgemeinem Verständnis alle Techniken, die als Information zu interpretierende oder interpretierbare Daten verarbeiten, speichern, weiterleiten, codieren etc. und daraus weitere Daten erzeugen, die vom Benutzer dieser Techniken wiederum als eine (meist andere) Information interpretiert werden. Dies gilt für jede Rechenanlage, vom Großrechner bis zum Taschenrechner. Obwohl das, was ein Rechner tut, auf den einzelnen Ebenen und im Rahmen der einzelnen Disziplinen jeweils separat verständlich erscheint,[4] sind wir doch noch weit entfernt von einem integralen Verständnis dessen, was in, mit und durch informationsverarbeitende (genauer: symbolverarbeitende) Maschinen geschieht.

Die neue Qualität der Informationstechnik kommt durch die Kombination der DV- und Rechnertechnik mit der Kommunikationstechnik zustande. Man versteht darunter gemeinhin all das, was nachrichtentechnisch realisiert werden kann, also die Übertragung von Signalen, um eine Kommunikation – sei es akustisch, optisch, elektrisch, haptisch oder wie auch sonst – zwischen den Teilnehmern am Kommunikationsprozeß zu ermöglichen. Vom Mobilfunk bis zum hochauflösenden Fernsehen gilt dies ebenso wie für die nachrichtentechnische Verkopplung zwischen informationsverarbeitenden Systemen.

---

[3] Hier ist etwas angesprochen, das vom rein juristischen Standpunkt aus so wahrscheinlich gar nicht intendiert war: Die Software ist nur dann als eine erzeugte Information anzusehen, wenn sie in der Lage ist, zu *wirken*. Diese Wirkung kann in der Steuerung eines Gerätes liegen, kann aber auch andere Formen aufweisen, wie z.B. das Erzeugen weiterer Information (vgl. WEIZSÄCKER, C.F. v. (1971, S. 351 f.) sowie eine ausführliche Diskussion bei KORNWACHS (1987, S. 59–230)). Interessanterweise war, wie CAPURRO (1978) zeigt, der Informationsbegriff zunächst ein juristischer Begriff, bevor sich die Nachrichtentechnik seiner bemächtigte.

[4] Der Festkörperphysiker versteht das Funktionieren eines Mikrochips im Sinne der Quantentheorie, der Designer einer VLSI-Technologie versteht die elektrischlogische Funktion auf der Ebene der Schaltalgebra, der theoretische Informatiker versteht den Rechner im Sinne einer Turing-Maschine und mit Hilfe der Theorie der Berechenbarkeit, der praktische Informatiker versteht den Rechner auf der Ebene der Maschinensprache, der Programmierer auf der Ebene der problemorientierten Sprachen (von ALGOL bis PROLOG), der Systemanalytiker und DV-Organisator versteht den Rechner auf der Ebene der Funktion eines Rechenzentrums oder eines lokalen Rechnernetzes.

Das Neue an der sog. Informations- und Kommunikationstechnik (IuK-Technik)[5] besteht wohl darin, daß durch die technisch vermittelte Kommunikation zwischen den Rechnern oder technischen Komponenten, die Rechner beinhalten, ein neues Gesamtsystem entsteht, das selbst als informationsverarbeitendes System angesehen werden kann. Die Organisationsformen eines solchen Gesamtsystems, das mehr ist als die Summe seiner Komponenten, unterscheiden sich von denen eines einzelnen Gerätes oder einer Einrichtung. Damit ändern sich auch die Anforderungen an die Benutzer. Dazu kommt, daß die technisch vermittelte Kommunikation sich selbst der Rechnertechnik bedient. Konsequenterweise wird der Computer zum Vermittler von Kommunikation.

Es ist bemerkenswert, daß z.B. eine technisch-organisatorische Selbstverständlichkeit wie das Telephon erst knapp 80 Jahre nach seiner großflächigen Einführung zum Thema von ausführlicheren sozialwissenschaftlichen und interdisziplinären Überlegungen geworden ist.[6] Das Umgehen mit diesem weltweiten System ist bezüglich der Standardfunktionen auf elementarer Stufe erlernbar, die mißbräuchliche Benutzung verbleibt eher im Peripheren.

Schwieriger wird es, wenn eine Komponente des Gesamtsystems (beim Telephonieren etwa das Endgerät) selbst ein potentiell höchst kompliziertes, vom Standardbenutzer gar nicht mehr in allen Möglichkeiten auszunutzendes Gerät ist, z.B. ein PC oder Kombinationen aus Telephon, Fax und PC. Jeder PC hat, durch die Art und Weise, wie er vom Benutzer eingesetzt wird, ein organisatorisches Umfeld. Die Störung dieses Umfeldes – von dem trivialen Fall, daß der Toner ausgegangen ist, bis zum Vergessen des Passworts – stört die Funktionalität des Gerätes ebenso, wie die rein technischen Störungen des Geräts die Funktionalität für den Benutzer beeinträchtigen. Wird nun durch eine Vernetzung solcher Geräte untereinander ein Gesamtsystem aufgebaut, so muß auch ein organisatorisches Umfeld aufgebaut werden, das diesem Gesamtsystem entspricht.

Dieses Gesamtsystem – vom Rechnernetz in einer Firma bis hin zum supranationalen Rechner- und Telekommunikationsverbund internationaler Organisationen wie beim Datenaustausch der Meteorologen oder beim Militär – ist ebenso abhängig von Störungen des gesamten organisatorischen Umfeldes. Ebenso wirken aber technische Störungen auf das organisatorische Umfeld zurück – mit dem Unterschied, daß wir die Einflüsse von technischen

[5] Es sei gestattet, eine sprachliche Unsauberkeit aus pragmatischen Gründen hier zu übernehmen: Wir werden in diesem Band die Benennungen Technik und Technologie im Zusammenhang mit der Informations- und Kommunikations-(IuK)-Technik synonym gebrauchen. Das verwischt zugegebenermaßen begriffliche Unterscheidungen, aber es erscheint hoffnungslos, gegen den alltäglichen synonymen Gebrauch eine Differenzierung durchsetzen zu wollen.

[6] So fand 1990 an der Universität Hohenheim der erste Kongreß über „Telephon und Gesellschaft“ statt, vgl. LANGE, BECK, ZERDICK (1989). Frühere Arbeiten finden sich in DE SOLA POOL (1977), eine vergleichende Rückschau auf frühere Assessment-Studien zum Telephon in DE SOLA POOL (1983).

Störungen nur lokal, aber nicht global beschreiben können, geschweige denn beherrschen, während wir die organisatorischen Störungen eher global beschreiben, aber lokal kaum beherrschen können.

In der Regel sind die organisatorischen Felder in großen Informations- und Kommunikationssystemen bisher trennbar gewesen, d.h. man konnte Störungen, z.B. beim Telephon, bei Teilnehmern, Leitung, Vermittlung und Knoten etc. lokalisieren und gegebenenfalls beheben.

Bei neueren Vermittlungstechniken (etwa solchen, die mit trägerfrequenten Verfahren arbeiten) ist eine solche Trennung nicht mehr ohne weiteres möglich. Auch beim Rechnerverbund in einer rechnerintegrierten Fabrik ist wegen der äußerst engen Verzahnung von technischer und organisatorischer Funktionalität ein solch hierarchisch zerlegender Zugang nicht mehr ohne weiteres möglich. Man ist gerade dabei zu lernen, daß eine CIM-Fabrik (Computer Integrated Manufacturing) in erster Linie ein organisatorisch noch nicht verstandenes Gebilde ist und die Schwierigkeiten der datentechnischen Verknüpfung eher sekundärer Art sind.

Das Neue an der Informations- und Kommunikationstechnik besteht also nicht darin, daß völlig neue technische Prinzipien benutzt würden, die nicht schon seit ca. 50 Jahren im Grundsatz bekannt wären, sondern daß wir durch die Kombination zweier Technikentwicklungslinien, der Rechnertechnik und der Nachrichtentechnik, neuartige Systeme erzeugen können. Diese Systeme sind örtlich verteilt und sie sind geeignet, weltweite Vernetzungen zu realisieren. Jeder Kommunikationsprozeß, der durch sie vermittelt wird, ist damit ein rechnerunterstützter und durch Rechner vermittelter Prozeß, und jeder Rechenprozeß, der durchgeführt werden kann, ist im Prinzip in diesem Netz durch das kommunizierbare Ergebnis verfügbar. Damit wird eine bisher nicht gekannte Verfügbarkeit von Informationen ermöglicht und die trennende wie auch schützende Wirkung der Entfernung aufgehoben.

Diese neue Qualität, die fast unübersehbare Fülle von Möglichkeiten und die fast universale Gestaltbarkeit solcher Systeme haben, neben vielen Befürchtungen, die Frage aufgeworfen, ob wir auch wissen können, was wir mit und von diesen Systemen alles wollen können. Die Beantwortung setzt als Teil der politischen Willensbildung eine weitere Willensbildung voraus, die wir erst noch lernen müssen und die sich auf die Gestaltungsoptionen von Technik bezieht.

Die Gestaltung von Technik erfordert daher nicht nur organisatorische, ergonomische und technologische Kompetenz, es ist auch erforderlich, auf die Beziehungen zwischen Menschenbild und Gestaltungszielen, auf die Beziehungen zwischen Individuum und Gesamtsystem und letzlich auf die Beziehung zwischen Verantwortlichkeit des Einzelnen und Beherrschbarkeit des Gesamten zu achten.

Daß die Tagungen über Ethik und Technologie, Wirtschaftsethik und dergleichen zumindest hinsichtlich der Teilnehmerzahl und Häufigkeit in den letzten 5 Jahren zugenommen haben, scheint auch ein Anzeichen dafür zu sein, daß diese Erfordernisse ernster genommen werden als bisher.

1.2 Orientierungswissen für die Technikgestaltung

Orientierungswissen ist noch kein Handlungswissen – hierzu muß es erst umgesetzt werden. Diese Umsetzung ist von der konkreten Situation abhängig, in der Praxis der jeweiligen Technologie. Deshalb kann dieses Buch nur Hinweise für die systemische Gestaltung der Informations- und Kommunikationstechnik anbieten. Es soll damit jedoch für den Prozeß der Technikgestaltung Orientierungswissen verfügbar machen.

Das Buch ist in vierzehn Kapitel gegliedert. Im Kapitel 2 **Technik und praktische Vernunft** steht die alltägliche Erfahrung mit Technik im Vordergrund. Es zeigt sich, daß das einzelne Gerät ohne die Organisationsformen und eine Infrastruktur, in denen es verwendet wird, wenig über Technik aussagt. Die Betrachtung dieser Organisationsformen führt dann zu einer näheren Bestimmung der Zusammenhänge von Technik, Wissenschaft, Gestaltung von Technik und der menschlichen Arbeit. Diese Zusammenhänge führen zur Frage, wie im technischen Handeln praktische Vernunft möglich ist.

Nach diesem Aufriß werden die **Informations- und Kommunikationstechniken** näher betrachtet, die sich in einem technikgeschichtlich unvergleichlichen Aufbruch befinden. Die großen kontroversen Themen der letzten Dekade verweisen darauf, daß die Technologiepolitik als Rahmen für die Technikgestaltung in Bewegung geraten ist. Somit wird auch ein neuer Forschungsbedarf ersichtlich, der sich für die notwendige Abschätzung der Folgen der Gestaltung und des Einsatzes der Informations- und Kommunikationstechniken ergibt. Daher ist diese Folgenforschung keine einmalige Angelegenheit, sondern ein Prozeß, der, gerade weil sich Techniken und Anwendungsbedingungen ändern, laufend fortgeschrieben werden muß.

Wir betrachten dann **Technisch-organisatorische Systeme**. Technisch vermittelte Kommunikation, sei dies durch Kommunikationsnetze wie Mobilfunk, ISDN, Wide Area Networks (WAN) oder Local Area Networks (LAN), die Computer miteinander verbinden, sei dies durch den Computer selbst, der mittlerweile zu einem informations- und kommunikationsvermittelnden Instrument geworden ist, ist heute immer eingebettet in große technische Systeme zu sehen. Dies gilt ganz besonders, wenn man verstehen will, welche Prozesse Kommunikationsvorgänge in solchen Systemen darstellen, und wenn man die Funktionen, die Kommunikation haben kann und soll, verstehen möchte. Große technische Systeme sind dabei auch immer organisatorische und institutionelle Systeme. Deshalb ist ein Telephon eben nicht nur ein Telephon, sondern Teil eines gesellschaftlich und kulturell geprägten

Kommunikations- und Handlungssystems. Dabei bestimmt die Technik eben nicht nur durch ihre Auswirkungen das Kommunikations- und Handlungsgefüge, sondern die ökonomischen, besonders aber die kulturellen Bedingungen beeinflussen die Rezeption, das Design und die Re-Definition technischer Produkte und Systeme. Ein solcher Zusammenhang bestimmt die Grenzen der Kommunikation und damit auch die Randbedingungen für deren Gestaltbarkeit.[7]

Bei der **Gestaltung von Kommunikationssystemen** ist deshalb entscheidend, *wie* das Medium der Kommunikation die Inhalte, die damit kommuniziert werden können, beeinflußt. Das verlangt aber ein Wissen, in welche Richtung die Systeme der Informations- und Kommunikationstechnik entwickelbar sind und inwiefern diese oder jene Entwicklungslinien erwünscht sind oder nicht.

Deshalb werden zunächst die **Weiterentwicklungstendenzen der herkömmlichen DV** betrachtet, da der Computer ein Werkzeug ist, das nicht nur zum Rechnen, sondern als Kommunikations- und Organisationsinstrument gebraucht wird. Somit ist der Computer eben nicht *nur* Werkzeug, sondern er ist im Rahmen der bisher ablaufenden Entwicklung Ursache und – hinsichtlich seiner Verwendungsweise – auch Folge von organisatorischen, strukturellen und arbeitsinhaltlichen Änderungen.

Das, was man mit dem Schlagwort der „Informatisierung der Gesellschaft" und dies uminterpretierend als „Informatisierung der Arbeit"[8] bezeichnet, ist wohl ohne die neuen Informations- und Kommunikationstechniken nicht denkbar. Umgekehrt ist der Aufstieg dieser Techniken nicht ohne eine Änderung der Bedeutung der Arbeit für die individuelle und soziale Identität, aber auch für das Selbstverständnis unserer Gesellschaft denkbar.[9] Und so haben geänderte ökologische, organisatorische, aber auch individuelle Anforderungen an den Arbeitsprozeß zu neuen Forderungen an die Technikgestaltung

---

[7] Vgl. HAAS (1990) in der Aufsatzsammlung HORISCH, WETZEL (1990); dort auch weitere Aufsätze zur kulturkritischen Auseinandersetzung mit den Informations- und Kommunikationstechniken, die mit „Armaturen der Sinne" assoziiert werden. Vgl. auch MUMFORD (1977) über den Zusammenhang von Kultur, Technik und Macht.

BECKER (1989 b, S. 73) weist darauf hin, daß die logistische S-Kurve der Technikdiffusion als Modell fragwürdig ist, da sich ein technisches Produkt im Laufe seines Lebenszyklus ändert: *„Je intensiver sich die soziale Aneignung eines technischen Produktes vollzieht, desto vielfältiger werden die Anwendungsmöglichkeiten eben dieses Produkts und desto differenzierter ‚antwortet' das Produkt mit neuen und zusätzlichen Anwendungsmöglichkeiten."* Vgl. auch ARTHUR (1984).

[8] Nach dem Buch von NORA, MINC (1979); vgl. auch BULLINGER, KORNWACHS (1986).

[9] Vgl. auch die Diskussion um das Verhältnis von Fremdarbeit zu Eigenarbeit in HUBER (1979) und BRUNS (1985).

geführt. Man denke hier nur an den allseits bemühten Wertewandel.[10] Diese neuen Forderungen an die Technologie haben ihrerseits zu den neuen Technologien beigetragen.

Es geht bei dieser Darstellung nicht darum, alle Faktoren, die die Weiterentwicklung der DV beeinflussen, im Rahmen eines geschlossenen Modells zu erfassen und zu bestimmen. Vielmehr soll deutlich werden, daß die Auswirkungen *und* die Faktoren eng miteinander verkoppelt sind. Deshalb erscheint es erforderlich, hier auf dringende Fragestellungen hinzuweisen und den Forschungsbedarf zu skizzieren.

Neben der Computertechnik im Sinne der DV zeigen die Tendenzen der Vernetzungstechnologie, der Chipkartentechnologie, des ISDN sowie auch des Mobilfunks auf, wie die **Universalität der digitalen Techniken** zu verstehen ist: Viele Funktionalitäten entfalten ihre Wirkung erst, weil sie auf einer gemeinsamen technischen Basis realisiert sind (hier: der rechnerunterstützten Verarbeitung diskreter Signale) und von daher Funktionalitäten der einen Techniklinie als Funktionalitäten einer anderen Techniklinie benutzt werden können. Auch hier wird nach der Wechselwirkung zwischen den Faktoren, die die digitalen Techniken beeinflussen, und den Auswirkungen gefragt, deren Antizipation sich schon jetzt in der technologiepolitischen Debatte zeigen und damit auf die Bedingungen von Technikgestaltung Einfluß nehmen.

Die **Weiterentwicklungen der Rechnerarchitekturen**, insbesondere die neurobiologisch orientierten Modelle (Neuronale Netze), zielen auf Eigenschaften, die über das bekannte Spektrum der Rechneranwendungen weit hinausgehen. Gerade weil Kommunikationssysteme ohne Rechnerunterstützung jetzt und in Zukunft die Ausnahme darstellen werden, ist es wichtig, auf mögliche Konsequenzen zu achten, die die neuartigen Architekturen mit sich bringen könnten. Auch hier werden eher Forschungsfragen gestellt, als daß abschließende Antworten gegeben werden könnten.

Sowohl für herkömmliche Rechner wie für Rechner in Kommunikationssystemen, aber auch für neurobiologisch orientierte Rechner (sofern es da sinnvoll ist), stellt sich das **Problem der Softwaregestaltung**. Wenn die These plausibel ist, daß die leitenden Vorstellungen bei der Softwareerstellung zusammen mit der Verfügbarkeit von Hilfsmitteln (Tools), Methodiken und Herstellbedingungen die Funktionalität von Software bei ihrem konkreten Einsatz über das übliche Pflichtenheft hinaus bestimmen, dann ist Softwaregestaltung auch Gestaltung sozialer Realität.

Deshalb geht es in diesem Buch auch darum, einen wichtigen Aspekt hervorzuheben, der wohl immer virulenter wird und der sich im Bereich der

[10] Wobei die Frage besteht, ob der Wertewandel sich tatsächlich aus den geänderten Wertevorstellungen und Leitbildern ausschließlich ergibt, oder ob auch einfach rationales Verhalten aufgrund geänderter Bedingungen eine Rolle spielt. So weist H. Lübbe darauf hin, daß die verminderte Bereitschaft zur Mobilität im Arbeitsleben nicht aus einem Wertewandel entspringt, sondern lediglich das Ergebnis eines einfachen Kalküls ist, das Kosten und Nutzen der privaten und beruflichen Lebenswelt gegeneinander abwägt (vgl. auch LÜBBE 1990).

Informations- und Kommunikationstechniken besonders gravierend zeigt: Geglückte **Kommunikation**, d.h. eine solche, die zu einem gewünschten Ergebnis führt, bedarf einer bestimmten **Kompetenz**, ebenso wie das Umgehen mit den Mitteln der Kommunikation einer bestimmten Qualifikation bedarf. Diese Qualifikationsaspekte, die am deutlichsten das Hineinreichen des *humanum* in die Technologie sinnfällig machen, müssen für die neuen Technologien diskutiert werden, die neue Produktionstechniken sowohl voraussetzen als auch erst ermöglichen. Aus- und Weiterbildungsinhalte verändern sich, die Arbeitsinhalte, aber auch die Inhalte der anderen Lebensvollzüge werden laufend umgestaltet. Qualifikationen für Arbeit und Qualifikationen für die Lebensbereiche außerhalb der Erwerbsarbeit gehen zum Teil ineinander über, die alten Tätigkeitsmerkmale und Berufsbilder verschieben sich. Gerade hier muß gefragt werden, ob die Mittel der Informations- und Kommunikationstechnik auch benutzt werden können, den Qualifizierungsprozeß selbst zu unterstützen und zu beschleunigen.

Bei dieser Frage ergibt sich rasch, daß die **Wechselwirkung zwischen Technik und Organisation** den entscheidenden Rahmen dafür abgibt, wie Kompetenz entwickelt und weiterentwickelt werden kann. Gerade der **rechnerintegrierte Betrieb** stellt ein Feld dar, in dem die technische Gestaltung, die Qualifizierung zu neuartigen Aufgaben in neuartigen Tätigkeitsbereichen und die Gestaltung der kommunikativen Prozesse unmittelbar miteinander verknüpft sind.

Die Anwendung der Informations- und Kommunikationstechniken mit ihren integrierenden, vernetzenden, aber auch verkomplizierenden Tendenzen für den Produktions- und Arbeitsprozeß weist auf die Verantwortung der Gestalter hin. So wird am Ende des Buches nochmals auf den Zusammenhang von **Gestaltung, Praxis und Verantwortung** eingegangen.

Die neuen Organisations- und Technikbedingungen, unter denen wir kommunizieren, arbeiten und handeln, lassen die Frage nach der Rolle der praktischen Vernunft beim Umgehen mit Arbeit und Technik sowie bei deren Gestaltung dringlich werden. Deshalb ist auch die Frage nach einer Ethik zu stellen, nach der Möglichkeit von noch verantwortlichem Handeln im Rahmen solcher soziotechnischen Systeme, die mit dieser neuen Technologie entstanden sind und weiter entstehen werden.

Die Ausführungen in diesem Buch sind sicher weiter entwickelbar. So wäre eine Erweiterung auf die Diskussion außerhalb der Deutschlands ebenso wünschenswert wie eine historisch orientierte Aufarbeitung der hier angesprochenen Techniklinien. Auch wäre es in einem künftigen nochmaligen Durchgang wichtig, gerade angesichts der zunehmend verschwimmenden Grenze zwischen Privatleben, öffentlichem Engagement und Erwerbsarbeit, die Folgenforschung über die Arbeitswelt hinaus einzusetzen.

Es liegt wohl in der Natur der Sache, daß keine umfassenden oder abschließenden Antworten gegeben werden können. Es liegt auch in der Natur der Technik selbst, daß viele Aussagen nicht allein für die Informations-

und Kommunikationstechniken gelten. Eine menschenwürdige Gestaltung der Technik, die qualifikations- und persönlichkeitsförderlich sein soll und damit zur Lebensqualität beiträgt, muß deshalb auch philosophische Fragen im Blick behalten und im Diskurs mit wahrnehmen.

2. Technik und praktische Vernunft

2.1 Unbeherrschbare Technik?

Will man etwas über die Zusammenhänge erfahren, in die Technik eingebettet ist und die sie viel mehr beeinflussen, als sich ein rein funktionsorientiertes Denken gemeinhin vorstellt, dann reicht es zu Beginn, Alltagserfahrungen ernst zu nehmen.

Ein einfaches Beispiel: Zum Öffnen einer Tür braucht man entweder eine Türklinke oder einen Türknauf. Die erste Version, eine solche Funktion zu realisieren, ist unpraktisch, weil man gelegentlich daran hängenbleibt: Trotzdem wird sie in Mitteleuropa überwiegend eingesetzt. Der Türknauf ist in den angelsächsischen Ländern zu Hause und wird als weitaus praktischer empfunden. Warum setzte er sich bis heute nicht in Mitteleuropa (und anderswo) durch?[1] Die Antwort auf diese auch für marktorientierte Techniker sehr wichtige Frage, ist nicht allein mit technisch-funktionalen Begriffen, sondern auch nur mit Methoden der Kulturgeschichte und der Kenntnis der Wechselwirkung zwischen sozialem Verhalten und technischer Funktionalität zu verstehen.[2]

Unter Technik stellen wir uns Apparate vor, Einrichtungen, die eine bestimmte Funktion haben und die von Menschen gemacht sind.

Wir benutzen diese Dinge oder Einrichtungen mehr oder weniger selbstverständlich – die Gewöhnung ist ein Gradmesser dafür, was wir als High-Tech oder als normalen Gegenstand des alltäglichen Gebrauchs ansehen.

Dabei fällt auf, daß gerade der Gebrauch solcher Einrichtungen in den meisten Fällen wiederum eine bestimmte Technik voraussetzt. Hier ist Technik nicht gemeint als apparatives Gegenüber, als Instrumentarium, sondern als eine Art handwerklicher oder intellektueller Geschicklichkeit. – In der Alltagssprache spricht man über die Technik, die beispielsweise ein Sportler oder ein Künstler hat.[3]

---

[1] Das Beispiel verdanke ich Konsul Sam Westgate, dem Leiter des Amerika-Hauses Stuttgart.

[2] Die Tatsache, daß man eine Tür mit Knauf mit dem Ellenbogen oder mit nassen Händen schlecht öffnen kann, ist für die Erklärung jedoch nicht hinreichend.

[3] Eingeschlossen sind hier auch Alltagstechniken wie beim Schleudern mit dem Fahrzeug, beim Programmieren oder beim Schneiden von Spargel.

Nach dieser Überlegung könnte man unterschiedliche Techniken danach unterscheiden, ob sie zu ihrem Gebrauch viel oder wenig Technik voraussetzen – das Bedienen eines Grammophons war früher ungleich einfacher als die Handhabung einer auf High-Tech stilisierten Stereoanlage. Demnach müßte es einerseits die fast passive Benutzung von Technik geben wie ein Flugzeug benutzen (sofern man nicht Pilot ist), Fernsehen, Videospiele, teilautomatische Vorgänge im Haushalt bis hin zu Systemen der automatisierte Fertigung, bei denen nur noch Überwachungsfunktionen ausgeübt werden müssen.

Auf der anderen Seite wären dann Techniken, die zu ihrer Handhabung ausgesprochene Fertigkeiten und lange Ausbildungsgänge erfordern – dies gilt sicherlich im Bereich des Computers, seiner Bedienung wie seiner industriellen Herstellung, der Gentechnik, der friedlichen und militärischen Nutzung der Kernenergie wie im immer komplizierter werdenden Verkehr.

Hier beginnt sich eine Schere aufzutun: Viele Benutzer von Technik können relativ einfach mit den Geräten und Einrichtungen umgehen, sie bringen dem Gerät und seiner Verwendungsweise gewisse Akte des Vertrauens entgegen, ohne daß hierfür eine Einsicht in die technischen und kausalen Zusammenhänge erforderlich zu sein scheint.[4] Die Einfachheit der sogenannten Benutzerschnittstelle ist *das* verkaufsfördernde Moment für technische Einrichtungen. Dies ist die eine Seite.

Die andere Seite ist gekennzeichnet durch den Umstand, daß viele Hersteller technologischer Einrichtungen, angefangen vom Kernkraftwerk bis hin zum Computer, ein außerordentlich hochstehendes technisches Wissen haben, sich jedoch wenig Wissen darüber angeeignet haben, wie die von ihnen angebotene Technik in der alltäglichen Wirklichkeit von den Menschen benutzt wird, welche Auswirkungen sie auf die Benutzer und seine Gewohnheiten hat und wozu man diese Dinge alle noch brauchen kann.

Dieser Zwiespalt zwischen denen, die Technik nutzen oder nutzen müssen, und denen, die sie entwickeln oder meinen, entwickeln zu müssen, findet sich als Abbild wieder in der Unterscheidung zwischen der Technik, deren Benutzung einfach zu sein scheint, und der Technik, die eine ganz bestimmte Kompetenz zu Nutzung voraussetzt. Sie zeigt auch die Unterscheidung in eine Technik an, die kurzreichweitig ist, d.h. deren Anwendung und Auswirkung in den Wahrnehmungs-, Entscheidungs- und Handlungshorizont des Alltags fällt, und einer Technik, deren Anwendung und Auswirkung in einen weiteren Horizont der Wahrnehmung, der Entscheidung und der Handlungsmöglichkeiten fällt, also möglicherweise über Generationen und nationale Grenzen hinweg.

Zur letzteren Kategorie rechnen wir die im vierten Kapitel behandelten großen technischen Systeme, gelegentlich auch Großtechnik genannt. Dazu gehört all das, was man leicht euphorisch auch Spitzentechnologie nennt wie Gentechnik, Kernkraftnutzung, Raumfahrt, nukleare Abschreckung, Großchemie, Verkehr und Gesundheitstechnik.

[4] Vgl. LÜBBE (1990).

2.1.1 Technik und Handeln

Technik und instrumentelles Handeln gehören im Vorverständnis zunächst einmal zusammen. Das heißt, daß der oder die Handelnde sich bei der Handlung *immer* eines Mittels bedient, und wenn dies auch nur die Sprache oder der eigene Körper sein sollte. Das Mittel, mit Hilfe dessen die Handlung ausgeführt wird, hat aber, wenn man so will, seine eigenen Gesetze oder, eingeschränkter gesagt, Eigenschaften, die von der Absicht des Handelnden zunächst einmal als unabhängig gelten dürfen. Ein Messer ist scharf, unabhängig davon, ob der Handelnde mit ihm töten oder Brot schneiden will.

Die Gesetze des Instruments sind von der Absicht des Handelnden unabhängig, nicht aber davon, was man mit dem Instrument alles tun kann. Wenn wir nun instrumentelles Handeln verstehen als Handeln, das die Gesetze und Eigenschaften eines Instruments ausnutzt, um etwas zu bewerkstelligen, dann sagt uns die Alltagserfahrung sofort, daß jedes Instrument weiter reicht, als nur Mittel zum momentan Gewollten zu sein.

Es scheint in der Natur des Menschen zu liegen, daß er seinen Handlungsspielraum zu erweitern trachtet. Das vorhandene Instrument, mit dem man noch mehr tun kann als nur das soeben Gewollte, bringt den Menschen in Versuchung, auch noch zusätzlich das zu wollen, was mit dem Instrument ebenfalls möglich ist.

Es geht also darum, daß der Zweck, zu dem ein Mittel benutzt wird, nicht dieses Mittel ausschließlich bestimmt, denn es sind in der Regel ja auch noch andere Mittel denkbar, die das gleiche leisten. Wird jedoch ein Mittel bei einem vorliegenden Zweck gewählt, dann hat es auch noch andere, über die auf den Zweck bezogenen Eigenschaften hinausgehende Eigenschaften, und genau diese zusätzlichen Eigenschaften des Instruments rufen neue Zwecke hervor.

Eine der Möglichkeiten, einen Markt zu manipulieren, nutzt diesen Umstand zielbewußt aus: Manches Produkt kommt nicht deshalb auf den Markt, weil es dafür ein Bedürfnis gibt, sondern das Produkt soll das Bedürfnis wecken, wenn nicht gar die Begierde darauf.

Dieses wechselseitige Verhältnis zwischen Zweck oder Bedürfnis einerseits und dem Mittel oder der technischen Lösung andererseits ist die Wurzel für das Phänomen, daß Technik Technik erzeugt.

2.1.2 Technik erzeugt Technik

Ein einzelnes technisches Gerät ist in den wenigsten Fällen absolut, d.h. losgelöst für sich brauchbar. Ein Korkenzieher, der hier einmal als technisches Gerät bezeichnet werden mag, dient zur Entkorkung von Weinflaschen. Ohne Weinflasche, und damit ohne Wein, also ohne die organisatorischen, technischen und sozialen Gegebenheiten des Weinbaus ist ein Korkenzieher lediglich ein Stück Metall mit einer etwas seltsamen spiraligen Form.

Am Auto wird der Zusammenhang deutlicher: Ein Auto setzt zu seinem Gebrauch Straßen oder Wege voraus, eine funktionierende Infrastruktur, von der Benzinversorgung bis hin zur Verkehrsgesetzgebung, ein hochtechnisiertes Wartungs- und Reparaturnetz und vieles mehr. Als einzelnes Stück ist ein Auto ein nutzloses Stück Blech, allenfalls in ästhetischen Kategorien meßbar.

Die Wertlosigkeit des Instruments ohne ein Ineinandergreifen von weiteren Instrumenten, ohne ein Netz von Zwecken und Mitteln und ohne soziale Institutionen, die diese Zwecke vermitteln, diese Wertlosigkeit ist leicht einzusehen.

Da aber nun Zwecke und Mittel einander beeinflussen und da der Mensch offenkundig danach strebt, sofern man ihn nicht durch eine kulturelle, soziale und philosophische Anstrengung daran hindert, mit den verfügbaren Mitteln auch immer die Zwecke auszudehnen, ist die Verhaftetheit eines technischen Instruments mit seinem organisatorischen, sozialen und menschlichen Umfeld der Boden, auf dem die sogenannten Sachzwänge entstehen:

Ab einem bestimmten Investitionsvolumen werden technische Projekte zu Selbstläufern – der ursprünglich angestrebte Zweck ist vielleicht gar nicht mehr erfüllbar, aber andere, organisatorisch oder politisch vermittelte Zwecke sind durch das pure Vorhandensein des schon errichteten Instrumentariums an die Stelle getreten und rechtfertigen das Mittel durch eben diese neuen Zwecke.

Dies ist der Sinn des Satzes: Technik erzeugt Technik. Dies ist auch der Grund, weshalb die Debatte um die Technik immer politisch sein wird: Beim menschlichen Expansionsstreben im Reich der Zwecke geht es nur vordergründig um die Eigenschaften oder Gesetzmäßigkeiten des Mittels. Die Diskussion um technische oder ingenieurwissenschaftlich bestätigte oder widerlegte Ergebnisse einer Untersuchung über ein umstrittenes technologisches Projekt führt hier in die Irre. Denn diese Eigenschaften bestehen – wie gesagt – unabhängig von der Absicht des damit Handelnden.

Damit wird aber die Absicht des Handelnden selbst thematisiert: Was wird mit dem einen oder anderen Großprojekt oder mit dieser oder jener Technik in Wirklichkeit angestrebt? Hier geht es letztlich um Machtfragen, also um die Frage, wie weit der Bereich der Absichten, Zwecke und Bedürfnisse ausgeweitet werden kann, und zwar vermittelt durch ein technisches Instrumentarium.

2.1.3 Technik und Macht

Das technische Instrumentarium hat vermöge seiner Eigenschaften, die unabhängig von den Absichten sind, Auswirkungen, die mit manchen Absichten, mit denen es eingesetzt wird, in Einklang zu bringen sind, mit anderen nicht. Hier kommen die Kategorien der Wünschbarkeit und der Nichtwünschbarkeit ins Spiel.

Was an Technikwirkungen nun erwünscht und was nicht erwünscht ist, ist nicht nur eine Frage dessen, der über das Instrumentarium verfügt, sondern auch dessen, der betroffen ist. Wegen der Unterscheidung zwischen der Technik, deren Auswirkungen im engeren Horizont übersehbar sind, und der Technik, bei der Merkwelt und Wirkwelt auseinanderfallen, ist es im letzteren Falle ungemein schwierig auszumachen, wer betroffen ist oder sein wird.

Der Streit um die Technik ist nach dem Gesagten also ein Streit um Herrschaft und Macht. Der Techniktheoretiker G. ROPOHL (1979) meint, daß Sachzwänge lediglich die Ausübung der Herrschaft von Menschen über Menschen vermittels technischer Instrumente seien.

Damit muß also Technik und damit die Frage nach der Unbeherrschbarkeit der Technik unter dem Blickwinkel der Macht diskutiert werden.[5] Herrschaft ist die Praxis der Macht. Jeder Betreiber einer Technik übt zwangsläufig, ob er das will oder nicht, eine Herrschaft aus, indem er über die Eigenschaften verfügt, die das technologische Instrumentarium ihm bietet. Er bestimmt durch das Betreiben oder Nichtbetreiben einer Technik über die Nebenwirkungen, und sofern es Betroffene dieser Nebenwirkungen gibt, übt er Herrschaft über diese Betroffenen bezüglich dieser Nebenwirkungen aus.

Dies ist nichts Neues, denn sonst gäbe es keine gesetzlichen Regelungen für Aufbau, Betrieb und Störsicherheit von technischen Anlagen. Anlagen und Technik jedoch, deren Nebenwirkungen potentiell global sind, stellen die Frage nach der Herrschaft erneut in einem ganz anderen Maßstab.

Über solche Herrschaftsformen schreibt Max Weber[6]:

> „*Im Verein mit der toten Maschine ist sie* (gemeint ist die Bürokratie in ihrer jeweiligen Organisationsform - der Verf.) *an der Arbeit, das Gehäuse jener Hörigkeit der Zukunft herzustellen, in welcher vielleicht dereinst Menschen sich, wie die Fellachen im altägyptischen Staat, ohnmächtig zu fügen gezwungen sein werden, wenn ihnen eine rein technisch gute und das heißt: eine rationale Beamtenverwaltung und -versorgung der letzte und einzige Wert ist, der über die Art der Leitung ihrer Angelegenheit entscheiden soll.“ (WEBER 1921, S. 151)*

Der Begriff des Restrisikos ist in einer Technik geprägt worden, die von einem als gesellschaftlich akzeptierten lokalen Risiko ausging. Daß unsere Gesellschaft bis zu 15 000 Verkehrstote im Jahr akzeptiert, und zwar als eine Folge eines Restrisikos, das jeden unmittelbar angeht, zeigt schon die enorme Reichweite dieses Begriffs.

Bei Technologien, deren soziale Auswirkungen (z.B. bei den Computernetzen), deren psychologische und soziale Auswirkungen (wie bei der Künst-

---

[5] Vgl. auch WINNER (1985) und den dortigen Hinweis auf sein Werk: Autonomous Technology (1965).

[6] Eine vergleichbare Position bezieht SCHELSKY (1957), wenn er kritisiert, daß die wissenschaftlich-technische Zivilisation einer Apparatur gleiche, die ordnngsgemäß bedient sein wolle. Politik reduziert sich nach dieser Kritik nur noch auf den Nachvollzug dessen, „was sich im Widerspiel von Apparaturgesetzlichkeit und jeweilige Lage als Sachnotwendigkeit ergibt“ (S. 29), zit. nach LANGE (1990, S. 556).

lichen Intelligenz), deren gesundheitliche und politische Auswirkungen (wie bei Gentechnologie und Kernkraft) potentiell immer noch unübersehbar sind, ist die Benennung „Restrisiko" schlicht eine Täuschung. Wird sie dennoch gebraucht, verweist sie auf das Machtbewußtsein des entsprechenden Technikbetreibers, vielleicht auch auf eine gewisse zynische Grundstimmung.

Naiv kann man die Frage nach der Bedeutung von Macht damit beantworten, daß der Inhaber von Macht die reale Möglichkeit hat, etwas zu bewirken. Sofort wird klar, daß dies nicht ausreichen kann, denn etwas bewerkstelligen oder ausrichten kann jeder. So scheint mit der Eigenschaft „mächtig sein" untrennbar verbunden zu sein, daß ein Bewirken durch jemand ernsthaft möglich sei und ein anderer, der dieses Bewirken verhindern will, diese Möglichkeit nicht hat – er ist machtlos.

Macht ist demnach nur im Zusammenhang mit konfligierenden Zielen unterschiedlicher Individuen oder sozialer Einheiten sinnvoll bestimmbar.

Die Potentialität, etwas bewerkstelligen zu können, was nicht verhindert werden kann, setzt ein Konfliktverhältnis zwischen zwei verschieden gesetzten Zwecken voraus, und damit zwischen zwei unterschiedlichen Zielvorstellungen. Damit ist der Konflikt zwischen den Trägern dieser Zielvorstellungen konstituiert: ein Machtverhältnis.

Diese Potentialität wird hergestellt durch äußere oder innere Umstände: Nimmt man an, daß bei dem, der sich durchsetzt, das Instrumentarium für die jeweiligen Zwecke hinreichend sei und bei dem, der unterliegt, das Instrumentarium zur Verhinderung nicht hinreichend sei, dann kann man dieses Instrumentarium als Machtmittel bezeichnen. Diese Definition von Machtverhältnissen, die in der Soziologie und in der Psychologie Verwendung findet, ist auch bei der Frage nach der Technik nützlich.

Man kann folgendes einmal annehmen: Der Betroffene der Auswirkung einer Technik (wobei dies der Betreiber sogar selbst sein kann) sei nicht in der Lage, beim Betrieb die nichterwünschten Auswirkungen zu verhindern. In dem Fall, daß die Macht des Technikbetreibers auf den Technikbetreiber selbst zurückschlägt, indem er nicht mehr in der Lage ist, die Auswirkungen des Betriebs zu begrenzen, so daß wenigstens er selbst keinen Schaden mehr erleidet, kann man getrost von unbeherrschbarer Technik sprechen. Dies gilt insbesondere dann, wenn der Betreiber eine Gruppe, eine soziale Einheit, eine Institution oder Nation ist.

Um Mißverständnisse zu vermeiden, sei noch einmal betont, daß Macht und Technik, Ausüben von Herrschaft und Benutzen von Technik ihrer Natur nach eng zusammengehören. Das bedeutet aber auch die Möglichkeit, an die Technik und ihre Verwendung nicht-technische, d.h. menschliche, soziale und politische Maßstäbe anzulegen und sie danach zu bemessen.

Aus *diesem* Grunde und weil man die Erfahrung gemacht hat, daß Technik, verstanden als ein real-dingliches, soziales, organisatorisches und menschliches Phänomen, in der Gefahr ist, so gestaltet zu werden, daß sie unbeherrschbar werden könnte – wenn sie es nicht schon ist –, ist eine denkende

Neu-Bestimmung des Zusammenhangs von Macht und Technik ein Gebot. Sich daran zu beteiligen und ihren Beitrag zu leisten, wäre demnach auch die Pflicht der Philosophie.

2.2 Technik und Wissenschaft

2.2.1 Die Auflösung der Regelhaftigkeit

Da es das Anliegen dieses Buches ist, zur Gestaltung der Informations- und Kommunikationstechnik einen Beitrag zu leisten, ist es sicher nützlich, nach dem Verhältnis von Wissenschaft und Technik zu fragen, denn all unsere Bemühungen um eine Gestaltung der Technik beanspruchen, die Wissenschaft hierfür befragt und bemüht zu haben. Es sei mit einer provokanten These begonnen:

Die Kunst erzeugt die Wissenschaft von morgen.
Die Wissenschaft erzeugt die Technik von morgen.
Technik ist Kunst.

Der französischen Maler Georges Braque meinte um die Jahrhundertwende, daß die Kunst beunruhige, die Wissenschaft (hingegen) sicher mache. Heute, nach fast einem Jahrhundert, ist die Kunst sicher weiter beunruhigend geblieben, weil die Zeiten beunruhigend sind, und die Kunst sollte ja auch ein Spiegel ihrer jeweiligen Zeit sein und ist – vielleicht gerade deshalb – ihr auch immer ein wenig voraus.

Im Grundgesetz (Art. 5, Abs. 3) wird gesagt, daß Kunst und Wissenschaft frei seien. Sie sind frei in dem Sinne, daß sie ihre eigenen Regeln entwerfen und verwerfen und damit Geschichte haben. Diese Freiheit haben Kunst und Wissenschaft, auch wenn man mit Künstlern und Wissenschaftlern, gerade den unbequemen, oftmals mehr administrativ als verstehend umspringt.

Die Freiheit der Kunst rückt sie – vielleicht überraschenderweise – in die Nähe des Ingeniums, des Gestaltens der Dinge und der Technik. Der Technikphilosoph Friedrich Dessauer nannte die Technik „das Gestalten von konkretem Sein aus Ideen“.[7] Während die Technik und ihre Hervorbringungen jedoch zweckdienlichen Bedingungen unterworfen sind, also zu etwas nütze zu sein haben, ist die Muse, als Voraussetzung von Kunst (im Betreiben wie im Wahrnehmen), ein von jedem Zweck befreites geistiges Interesse. Hier scheint das Moment der Freiheit wieder auf, hier ahnt man die Beunruhigung.

Daß jedoch Kunst frei macht, könnte man ähnlich bezweifeln wie die These, daß Technik frei machen würde – dies hat so zumindest noch niemand behauptet. Aber sicher ist, daß die heutige Technik viele beunruhigt.

Beide, Kunst und Technik, benötigen den Willen zur Gestaltung, und ob in Kunst oder Technik das Gewollte und Geplante Gestalt annimmt, darin

[7] Vgl. DESSAUER (1927, S. 75 ff.).

ist weder der Künstler noch der Techniker ganz frei. Er braucht Material, Arbeitszeit und -kraft, eine entsprechende Umgebung, technisch gesprochen eine geeignete Infrastruktur, die erforderlichen Hilfstechniken und Fähigkeiten. Aber was gestaltet werden soll, das, was im Geist des Künstlers und des Ingenieurs vor der eigentlichen Arbeit Gestalt annimmt – darin ist die Kunst in der Tat frei, während in der Technik die Beugung unter den Zweck stattfinden muß.

Freiheit beunruhigt immer – nur ist das Verhältnis der Kunst zur Wissenschaft nicht mehr durch Beunruhigung und Sicherheit zu kennzeichnen. Die Sicherheit, die die Wissenschaft liefern soll, ist die Sicherheit der Gewißheit gewesen, und Georges Braque sah, daß es in der Kunst niemals Gewißheit geben könne.

Doch die Wissenschaft hat ihren beruhigenden Zug verloren, ihre durch Gewißheit vermittelte Sicherheit ist ihrem Unvermögen gewichen, Sinnzusammenhänge da zu thematisieren, wo die Wissenschaft vor dem Menschen als Subjekt nicht halt macht.[8] Ist diese Unsicherheit in der Wissenschaft und um die Wissenschaft und ihre Folgen, eine Unsicherheit, die in ihrer Methode begründet liegt, oder hat dies etwas mit ihrer Geschichte zu tun, die vielleicht sichtbar wird an der Geschichte des Verhältnisses zwischen Wissenschaft und Kunst?

Die Dichtungen um die Jahrhundertwende zeigen im Nachhinein eine erschreckend klare und deutliche Antizipation des Geschehens des Ersten Weltkriegs. Die Musik vor der Jahrhundertwende dümpelte in einem trägen Fahrwasser der ausklingenden Romantik, bis die neuen Klänge der Impressionisten, die rhythmischen Explosionen eines Strawinski, das Musikleben aufscheuchten und verunsicherten. Im Vorfeld des Ersten Weltkriegs erfahren wir ein Zerfallen der tonalen, harmonischen und rhythmischen Strukturen in der Musik, beginnend mit Richard Strauss.

Dazu korrespondiert ein Zerfall philosophischer Strukturen, die Reduktion der Moral auf ihre individuelle oder gesellschaftlich vermittelte Genese in der Psychoanalyse und in der jungen Soziologie, die Grundlagenkrise der Mathematik und viele andere geistige und gesellschaftliche Entwicklungen, die hier aufzuführen wären.

Das alles zeigt im geistigen Bemühen jener Zeit eine Auflösung klassischer, festgefügter oder festgelegter Strukturen und Gesetze – zeitlich etwas versetzt lösen auch der Surrealismus in der Malerei und der Dadaismus in der Dichtung gewohnte bildliche und sprachliche Strukturen auf.

Was geschieht zu dieser Zeit in der Naturwissenschaft? Marie Curie entdeckt die Radioaktivität, der erste Hinweis darauf, daß im materiellen Bereich Zerfall und Instabilität herrschen. Max Planck, der Vollender der Thermodynamik und der erste Erbauer der Quantentheorie, entdeckt, daß die Natur eben doch Sprünge macht und sich gequantelt gibt: Die Auflösung der klassi-

[8] Genau so definiert C.F. v. WEIZSÄCKER (1977, S. 428) eine der Universaleigenschaften von Wissenschaft.

schen Physik, auf der die wissenschaftstheoretischen Grundlagen der Ingenieursmechanik noch heute beruhen, deutet sich an. Albert Einstein veröffentlicht wenige Jahre später als Angestellter des Patentamts in Bern seine erste Arbeit zur Relativitätstheorie, mit der er die gängigen Vorstellungen über Raum und Zeit erschüttert hat.

Wenn man vor diesem Hintergrund den Satz von Georges Braque noch einmal betrachtet, daß die Kunst beunruhige, die Wissenschaft aber sicher mache, so geht von der Wissenschaft der nachklassischen Epoche, wie man das einmal nennen könnte, also nach Darwin, nach der Quantentheorie und der Relativitätstheorie, nach der Psychoanalyse, eine Beunruhigung aus, die wohl bis heute anhält und die zu einer tiefgreifenden Legitimationskrise der Wissenschaft geführt hat. Diese Krise hat nach dem Giftgaseinsatz im Ersten Weltkrieg und dem zweimaligen Kernwaffeneinsatz in Japan wohl die Natur- und Ingenieurwissenschaften besonders erschüttert, und eine Lösung ist noch nicht abzusehen.

Eine Krise der Kunst beginnt genau in dem Augenblick, in dem die Regeln des künstlerischen Hervorbringens, die generative Struktur des Malens, des Bildhauens, des Komponierens, des Dichtens sozusagen als Grammatik der Hervorbringung nicht mehr allgemeingültig anerkannt werden, sondern sich auflösen.

In der chinesischen Sprache hat das Wort Krise auch die Bedeutung der Chance, beide Ausdrücke sind dort gleich. So ist auch in der Kunst jede Krise eine Chance für einen Neuanfang, davon lebt sie, das hält sie in der Geschichte. In der künstlerischen Krise oder in der Krise einer Kunst werden neue Regeln, neue ästhetische Grundsätze, neue handwerkliche Überzeugungen geboren. Die Krise wird dann allerdings permanent, wenn die Überzeugung, daß man überhaupt Regeln haben müsse, nicht mehr allgemein geteilt wird. Die Folge hiervon ist, daß der Zufall, die Auflösung von Strukturen, das Kontingente, das Beliebige, die Endform des Produkts bestimmt.[9]

Was die Krise in der Kunst seit Beginn dieses Jahrhunderts auszeichnet, ist, daß sie permanent geworden ist. Das Schimpfen auf die Unverständlichkeit der Kunst ist populär: Der Schimpfende zeigt an, daß allgemein verbindliche Regeln der Kunst nicht mehr existieren, und er gibt seiner Beunruhigung Ausdruck. Das Beruhigende in der Schönheit der Wahrnehmung ist der Beunruhigung gewichen, die von den Werken ausgeht, die die geschichtlichen Erfahrungen der beiden Weltkriege und der permanenten Bedrohung der Selbstvernichtung widerspiegeln. Die Frage nach den Regeln der Kunst wird angesichts dieser Erstickungserlebnisse für Künstler sicher zweitrangig.

[9] Man denke in diesem Zusammenhang an die hochtechnisierten Experimente bei den Donaueschinger Musiktagen, bei denen das musikalische Endergebnis oftmals dem Zufall und den momentanen Launen der jeweiligen Musiker überlassen blieb. Man denke an die Happenings im Bereich der Darstellenden Kunst. Man denke an die, vom Betrachter als Beliebigkeit interpretierbaren, Farbzusammenstellungen und Muster in der Malerei, deren Bedeutung nur durch intensives Studium des Stils und der Regeln des jeweiligen Malers erschlossen werden kann.

Was hingegen ist eine Krise in der Wissenschaft?

Thomas S. Kuhn hat in seinem Buch über die „Struktur der Wissenschaftlichen Revolutionen" den Begriff des Paradigmenwechsels eingeführt (vgl. KUHN 1973). Das heißt, daß sich bestimmte methodische Regeln, wie man Wissenschaft treibt, und bestimmte Auffassungen darüber, welche Grundgesetze in einer jeweiligen Disziplin gelten sollen und wie sie begründet werden können, ändern. Solche Paradigmenwechsel hat es in den Natur-, Geistes- und Ingenieurswissenschaften immer wieder gegeben.

So ist der Übergang von der klassischen Mechanik in der Physik, aufgrund deren wir heute Maschinenbau, Bautechnik und Elektrotechnik betreiben, zur Quantenmechanik, die die theoretische Grundlage für Transistoren und Chips, also für die Halbleitertechnologie geliefert hat, ein solcher Paradigmenwechsel im Sinne von Th. S. Kuhn.

Die Krise, gekennzeichnet durch einen solchen Paradigmenwechsel, wurde erkauft durch die Unanschaulichkeit der verwendeten Vorstellungen und der Abstraktionshöhe der heutigen theoretischen und praktischen Physik. Die klassischen Begriffe von Ort und Zeit, Kausalität und Wirkung, von Teilchen und Bahn, von Determiniertheit und Vorhersagbarkeit haben ihre strenge Gültigkeit verloren.[10]

Die Krise der Wissenschaft wurde ebenfalls permanent und erschöpfte sich nicht nur in einem Paradigmenwechsel. Wissenschaftstheoretiker und Wissenschaftler selbst wie auch Kulturkritiker und von Wissenschaft und ihren Folgen Betroffene gingen daran, nicht nur die Regeln der Wissenschaft ändern zu wollen, sondern auch die Regelhaftigkeit der Wissenschaft überhaupt in Frage zu stellen. Das „Anything goes" in der Wissenschaft als eine Absage an die methodenorientierte Gewinnung von Wissen, wie sie der Wissenschaftstheoretiker P. FEYERABEND (1976) propagiert hat, war dann auch konsequenterweise die Aufgabe jeder Sicherheit, die Wissenschaft noch hätte geben können.

Die Leugnung der Möglichkeit, daß man eine Methode in der Wissenschaft auf ihre Tauglichkeit überprüfen könne und dafür aus der Wissenschaft heraus selbst Kriterien für die Tauglichkeit entwickeln könne, führt in letzter Konsequenz dazu, daß sich die Methode an den Inhalt ihres Gegenstands anpaßt, d.h., daß die Biologie andere wissenschaftliche Regeln entwickelt als die Physik. Dies führte zur Auflösung der Idee einer einheitlichen Wissenschaft, zu einer Regionalisierung der naturwissenschaftlichen oder wissenschaftlichen Methodik allgemein.

Dies ist die Aufspaltung in Teildisziplinen, die wir heute wieder betrachten können und die man durch interdisziplinäre Ansätze zu überwinden versucht.

---

[10] N. Bohr hat in einem hübschen Beispiel gezeigt, wie Begriffe ihren Sinn verlieren: Ein Junge, so pflegte er zu erzählen, kam in einen Krämerladen und verlangte für zwei Pfennige gemischte Bonbons. Der Krämer lacht verschmitzt und sagt zu dem Jungen: „Hier hast du ein gelbes und ein rotes Bonbon. Mischen kannst du sie dir selber!" Das Beispiel gibt C.F. von Weizsäcker bisweilen bei seinen Vorträgen zum besten.

Der Wissenschaftsbegriff, wie er seit Descartes entwickelt worden ist, legitimiert sich nach seinem eigenen Verständnis daraus, daß das Wissen, das wir von der Welt und von uns haben können, durch eine bestimmte Methodik gewonnen worden ist. Dies verleiht dem Wissen eine bestimmte, abschätzbare Gewißheit. Hier taucht wieder die Sicherheit, die Wissenschaft vermitteln soll, auf. Zu dieser Methodik gehört seit Descartes der Zweifel. Freilich machte der Zweifel vor der Vorbedingung der Gewißheit, nämlich der Methodik, selbst halt.

Es ist interessant zu beobachten, wie die Auflösung der Wissenschaft und ihres Anspruchs von regelgeleiteter Erzeugung von Wissen zeitversetzt mit der Auflösung der Regelgeleitetheit der Kunst einhergeht. Das Wort Pluralismus ist ein zeitgeschichtliches Signet für diesen Vorgang.

Aber ist das zeitversetzte Einhergehen der Auflösung fester Bindungen und Strukturen in Kunst und Wissenschaft schon ein Zusammenhang, der beweisen kann, daß die Kunst von heute die Wissenschaft von morgen erzeugt? Und selbst wenn dies am Anfang dieses Jahrhunderts gewesen sein mag, gilt es dann noch heute?

2.2.2 Angewandte Forschung

Wissenschaft ist nicht nur reine Wissenschaft und Grundlagenforschung, sondern auch angewandte Wissenschaft und Forschung. Die angewandte Forschung ist angesiedelt zwischen der reinen Erkenntnis und der Praxis. Sie setzt das, was erkannt wird, in vernünftiges, regelgeleitetes Handeln um. Aus den Kenntnissen der Physik, Chemie und Mathematik kann man Flugzeuge bauen, und aus der Theorie der Organisation und der Informatik kann man den Verkehr mit Hilfe von Computern steuern oder Fabriken planen. Wenn aber nun gerade die zu dieser Anwendung gehörenden Basiswissenschaften, also vornehmlich Natur- und Strukturwissenschaften, aber auch Geistes- und Sozialwissenschaften sich in einer Legitimationskrise befinden, um ihre eigenen Regeln und Methodiken ringen müssen, weil keine begriffliche Einheit mehr da ist, dann greift diese Krise natürlich auch auf die Methodik der angewandten Forschung und des technisch-sozialen Handelns und damit auf die Gestaltung von Technik über.

Aus wissenschaftstheoretischen Überlegungen ist bekannt, daß man aus der erfolgreichen Anwendung einer Regel – daraus besteht jedes handwerkliche Wissen – noch keine Wissenschaft machen kann. Man kann andererseits, von theoretischem Wissen völlig unberührt, praktisch sehr erfolgreich sein – zumindest eine Zeitlang. Dieser Erfolg hat häufig zur Verachtung der Theorie geführt, was wiederum populär, aber kurzsichtig ist. Diese Verachtung wird gelegentlich teuer bezahlt – die Bemühungen der Bundesrepublik, Anschluß an die Entwicklungen in der Künstlichen Intelligenz, der Mikroelektronik und der Gentechnologie zu bekommen, zeugen davon.

Gleichwohl kennt auch die Praxis Regeln, und auch diese sind einem gewissen Legitimationsdruck und der Pflicht zur Rechtfertigung unterworfen, da die Auswirkungen auf die Betroffenen wohl noch unmittelbarer sichtbar sind als bei Kunst und Wissenschaft. Denn, so die landläufige Auffassung, wer in der Praxis steht, hat die Verantwortung für die Folgen des Handelns zu tragen.

Wenn die Wissenschaft also nicht mehr sicher macht, sondern beunruhigt, weil ihre praktischen Folgen beunruhigend sind, dann sind die, die zwischen Wissen und Folgen stehen, die in der Anwendung Handelnden, Subjekt und Objekt dieser Verunsicherung, Handelnde und Folgen Tragende zugleich.

Gerade der wachsende Diskussions- und Klärungsbedarf, wie er sich beispielsweise in den Veranstaltungen des Vereins der Deutschen Ingenieure ausdrückt, zeigt die tiefe Verunsicherung im Hinblick auf die Rolle des Ingenieurs. Ingenieure lassen sich durch Erfahrungswissen oder durch Hinweise auf den nicht-technischen Alltag in der Regel rasch überzeugen, daß der Zusammenhang von technischen Hervorbringungen und Handlungsvollzügen an diesen Hervorbringungen nicht-technischen Regeln gehorcht, die in der Ingenieursausbildung nicht gelehrt werden.[11]

Der Zerfall der wissenschaftlichen Regelhaftigkeit und der Versuch ihrer Rekonstruktion hat in nicht-technischen Bereichen zuweilen den Ruf nach einer Neuen Wissenschaft ertönen lassen. Fundamental orientierte Wissenschaftskritik oder auch der Mythos des New Age scheinen in diese Richtung zu zielen. Dieser Zerfall kann aber auch dazu führen, daß Wissenschaft als soziale Veranstaltung immer stärker in die Bindung an die Politik gerät und dadurch opportunistisch wird.

Die mehr expressiv denn mit kühler Vernunft vorgetragenen Forderungen, nach denen sich auch die Geistes- und Sozialwissenschaften in diese Bindungen zu begeben haben – Stichwort „Akzeptanzwissenschaften“ –, sind letztlich der Wunsch nach Sicherheit, die die Wissenschaft aber nicht mehr zu bieten vermag.

Zerfall und der versuchte Wiederaufbau, vielleicht am falschen Objekt, wird von Künstlern sehr sensibel wahrgenommen; deshalb liegen restaurative Politik und Künstler meistens im Dauerstreit. Die Wahrnehmung von Künstlern erstreckt sich eben auch, wie schon erwähnt, in den Bereich des Zukünftigen, des Erwarteten und des Erahnten. Das Erahnte wird aber durch die Kunst im Jetzt protokolliert. Jedoch weiß man, daß die Prognose das zu Prognostizierende verändert.

Niemand wird leugnen wollen, daß die Kunst die geistige Entwicklung ihrer Zeit beeinflußt. Die Spiegelung der Wirklichkeit durch die Kunst, der vergangenen wie der zukünftigen, ist eine Antwort auf die Realität in Natur und Gesellschaft. Jede Antwort, die verstanden wird, löst Wirkungen aus und stellt damit auch eine Handlung dar.

Wenn man Kunst und Wissenschaft als soziale Praxis versteht, dann wird die Abhängigkeit der Wissenschaft von der Kunst etwas klarer.

[11] Vgl. VOLMBERG, SENGHAAS-KNOBLOCH (1989); SENGHAAS-KNOBLOCH, VOLMBERG (1989).

2.2.3 Gestaltung

Auch in der Arbeitswissenschaft hat es einen Paradigmawechsel gegeben, eine wissenschaftliche Revolution ganz im Sinne von Th. S. Kuhn. Es sei an die berühmt berüchtigte Schrift von F.W. Taylor über die Grundsätze der wissenschaftlichen Betriebsführung erinnert.[12] Diese Schrift von 1919 machte glauben, daß er der Erfinder der Arbeitsteilung sei. Das ist so nicht richtig, da schon im 17. Jahrhundert mehr militärisch orientierte Arbeitseinheiten die Arbeitsteilung systematisch beim Bau von Befestigungsanlagen praktiziert haben.[13] F.W. Taylor hat aber wohl zum erstenmal die funktionale Arbeitsteiligkeit industrieller Prozesse als Paradigma formuliert.

Heute haben wir einen Paradigmenwechsel zu verzeichnen weg von der Arbeitsteilung hin zu einer einheitlichen Betrachtung von Mensch und Arbeit. Man paßt also den menschlichen Rhythmus nicht mehr der Arbeitsaufgabe an, sondern man versucht, Struktur und Inhalt der gesellschaftlich notwendigen Arbeit den menschlichen Fähigkeiten und Bedürfnissen anzupassen.

Nimmt man den Ausspruch von Thomas von Aquin ernst, daß der Tätige sich in seinem Tätigsein erst verwirklicht, dann hat Arbeit über ihr funktionales Ziel hinaus, nämlich etwas herzustellen oder eine Dienstleistung zu erbringen, auch einen bildenden und persönlichkeitsfördernden Aspekt. Und so versucht man auch die Arbeitsmittel, die Arbeitsumgebung und die Arbeitsgestaltung an die biologischen, anatomischen, an die kognitiven, psychischen und sozialen Bedürfnisse des Menschen anzupassen. Dazu gehört auf der Seite der Mitarbeiter eine neu zu überdenkende Qualifikation, Kompetenz und die Bereitschaft, Mitverantwortung für die Arbeit zu übernehmen, also auch ein Mitbestimmungsbegriff, der in die Mitverantwortung hinein erweitert werden muß, also weit über die Gremienmitbestimmung hinausgeht.

Dies alles geschieht heute in der Arbeitswelt in einem fast atemberaubenden Tempo, und die Arbeitswissenschaft verunsichert auch hier manche alte unternehmerische Denkweise. Die Flexibilität und die Dezentralisierung der modernen Arbeitswelt macht sie komplexer, regelloser, aber auch freier und damit gestaltbarer als früher.

Diese neugewonnene Freiheit ist anstrengend, aber auch ansteckend. Mit gut qualifizierten Mitarbeitern, die Mitverantwortung übernehmen, die dispositive, also auch planerische Aufgaben ihres eigenen Bereichs mit erledigen, d.h., die ihre Arbeit zu einem großen Teil selbst mitbestimmen und gestalten können, hat man auf die Dauer die besten menschlichen wie fachlichen und wirtschaftlichen Erfahrungen gemacht. Auch hier gibt es keine festen Regeln mehr, kein starres Gerüst, sondern eine Flexibilisierung, die nicht Orientierungslosigkeit, sondern neue Spielräume bedeutet.

Und so hat Planen und Gestalten etwas mit Kunst zu tun. Wenn nun die Kunst der Planung und des Gestaltens unserer technischen und sozialen

---

[12] Vgl. TAYLOR (1919).

[13] Vgl. die Arbeiten von HACKSTEIN (1977, 1978).

Welt eine Kunst ist, die beunruhigt, so ist diese Beunruhigung auch als Herausforderung und als positives Moment zu sehen. Nur so entstehen die neuen Strukturen, die uns das Gefühl geben, daß es sich lohnt, zu arbeiten und nach Sinn zu streben.

Die Mechanisierung und Automatisierung unserer Arbeitswelt ist in der Kunst lange vorweggenommen worden. Die „Modernen Zeiten" eines Charlie Chaplin, die „Metropolis" eines Fritz Lang haben in einer zugegebenermaßen kritischen Darstellung die negativen Seiten einer automatisierten und von der Maschine bestimmten Arbeitswelt szenisch und dramatisch umgesetzt. Kunst muß antizipativ, muß kritisch sein. Kunst muß auch unbequem sein, und gerade die Kritik an den negativen Folgen der technisierten Welt führte auch, wenngleich unter heftiger Gegenwehr, zur Neugestaltung und zur permanenten Änderung.

So ist es Aufgabe der Kunst, zu beunruhigen, und es ist die Aufgabe der Wissenschaft, Wissen zur Gestaltung zu schaffen. Wenn dies nicht so wäre, verlöre die Kunst ihre Freiheit und die Wissenschaft ihren Sinn. Aber auch Wissenschaft ist frei, weil sie sich trotz aller politischer Gängelungsversuche und ideologischer Instrumentalisierung, trotz des Zwangs, sich in einer Förderlandschaft zu bewegen, wo mancher zwangsläufig nur da forschen kann, wo es auch Geld gibt, trotz der Anpassung an Forschungsmärkte also, immer noch die Fähigkeit bewahrt hat, fundamentale Fragen zu stellen, die aus der Krisenerfahrung heraus entstehen, die eben auch eine soziale Erfahrung ist.

Gestaltung von Technik resultiert aber nicht nur aus dem wissenschaftlichen Wissen, sondern auch aus der sozialen Erfahrung, vornehmlich in der Arbeitswelt. Sie ist zwar an die naturwissenschaftlichen, organisatorischen und technischen Gesetzmäßigkeiten gebunden (wie der Künstler an sein Material), aber sie übersteigt in ihrer Möglichkeit das nur aus diesen Gesetzen Ableitbare. Deshalb ist sie auch Kunst.

2.3 Arbeit und Technik

Technik bringen wir meist in einem Umfeld hervor, das von Arbeit geprägt ist.

Technik und ein Nachdenken über Technik, das von Wissenschaft und sozialen Umständen bestimmt wird, ist von Arbeit und vom Handeln nicht zu trennen. So bringt das Nachdenken über die Technik auch das Nachdenken über die Arbeit mit sich.

Von Friederich Nietzsche stammt der Satz, daß jemand, der in seinem Leben ein Warum habe, jedes Wie ertrage. Heute ist das sicher kein Leitmotiv für Tarifverhandlungen, aber in der Lebenspraxis derer, die sich der Gestaltung von Technologie verschrieben haben, scheint dieser Satz doch eine Rolle zu spielen. Offensichtlich hat Nietzsches Spruch eine gewisse erklärende Potenz für Aufbau- und Pionierleistungen.

Es geht also um das Verhältnis des Menschen zur Arbeit, das offensichtlich das Verhältnis zwischen Technik, Arbeit und Wissenschaft mit bestimmt und davon bestimmt wird. Daß dieses Verhältnis zumindest mittelbar von den konkreten, sinnlich erfahrbaren oder erleidbaren Umständen abhängt, das wissen wir spätestens seit Marx, der Hegel mit dem Hinweis kritisierte, daß seine Philosophie ja gut und schön sei, daß er aber leider die Leiblichkeit des Arbeiters darüber vergessen habe.[14]

Dieses Erleiden beginnt zuweilen an der reinen, funktionsorientierten Gestaltung der Gebäude, in denen Arbeit stattfindet, und setzt sich fort in schlecht gestalteten Benutzeroberflächen am Arbeitsplatz selbst bis hin zu den arbeitsorganisatorischen Unmöglichkeiten im betrieblichen Alltag.

Gerade die rein funktionelle Lösung eines Nutzerprofils für ein Arbeitssystem hat den Nutzer mehr als oft nachhaltig verstimmt. Die Wut auf die instrumentelle Vernunft von Systemgestaltern haben wohl diejenigen, die in bestimmten Strukturen leben und arbeiten müssen, deren bestimmende äußere Eigenschaften zweifelsohne architektonische systemgestalterische oder arbeitsorganisatorische Tatsachen darstellen, Tatsachen, die von Menschen für Menschen geschaffen wurden und die gelegentlich dann auch wieder verändert oder im Falle der Architektur vielleicht auch weggesprengt werden müssen.

Von Karl Kraus stammt der Satz, daß man einen Menschen mit einer Wohnung erschlagen kann wie mit einer Axt. Ähnliches ist sicher auch mit einem Arbeitsplatz möglich und mit einem Informations- und Kommunikationssystem, auf das man angewiesen ist.

Der römische Architekt Vitruv beschreibt im ersten der zehn Bücher über Architektur, wie die Ausbildung eines Baumeisters verlaufen sollte und daß er „mehrfache wissenschaftliche und mannigfaltige elementare Kenntnisse" besitzen müßte. Die Liste enthält neben der Forderung nach wissenschaflichem Talent, stilistischer Bildung, Geometrie- und Zeichenkenntnissen sowie dem Beherrschen mathematischer Fächer und der Optik auch weitergehende Qualifikationsmerkmale[15]: Er soll

> *„ ... mehrfache geschichtliche Kenntnisse besitzen, die Philosophen fleißig gehört haben, sich auf Tonkunst verstehen, der Heilkunst nicht unkundig sein, mit den Entscheidungen der Rechtsgelehrten vertraut sein, die Sternenkunde und die Gesetze des Himmels kennengelernt haben."*

Das Gesagte darf man sicher mutatis mutandis für jeden Gestalter von technischen und organisatorischen Systemen fordern, z.B. jeden Industrieausrüster, der Produktionstechnik entwickelt und dabei die dazugehörigen Kommunikationstechniken bereitstellen muß.

Es ist sicher müßig, darauf hinzuweisen, daß die Entwicklung eines Gefühls für das, worin und wobei sich Menschen wohl fühlen und schöpferisch und

[14] Vgl. MARX (1966).

[15] Den Hinweis verdanke ich Herrn cand.ing. J. Klingenstein. Vitruv wird nach FENSTERBUSCH (1987, S. 23 ff.) zitiert.

sinnvoll arbeiten können und wollen, einem antagonistischen Spiel unterschiedlicher Kräfte ausgesetzt war und sicher heute noch ist. Die Wichtigkeit ästhetischer Kategorien stand der Wichtigkeit gegenüber, Funktionen zu erfüllen, und es war der Neuzeit vorbehalten, ästhetische Kategorien zu entwerfen und zu erfühlen, die von der Funktionalität ausgingen, ja von ihnen überhaupt erst ins Werk gesetzt wurden.

Die funktionelle Aufteilung von Arbeitsplatz und Wohnbereich hatte zwei Voraussetzungen, die aber beide dasselbe Strukturmerkmal haben, nämlich Konzentration der Produktionsmittel (z.B. Energie, Material und Information) und Arbeitsteiligkeit.

Vor der Mechanisierung der Arbeit (also der Ersetzung menschlicher Muskelkraft durch technische Energiequellen) gab es bereits Manufakturen, die entstanden, weil der Materialfluß eine bestimmte zentralisierte Organisationsform verlangte. Nach der Mechanisierung entstanden Fabriken, deren Standort eben dort war, wo Energie verfügbar war.

Diese Organisationsformen der Arbeit, nämlich die Konzentration von Material und Energie, führte zur Trennung von Lebens- und Arbeitsbereichen und ist wahrscheinlich auch der Grund für die Trennung in Arbeitszeit und Freizeit – und heute für die Trennung von Eigenarbeit und Fremdarbeit. Diese Trennung drückt sich architektonisch in der Größe der Gebäude und der Funktionalisierung der Ästhetik aus, deren Ergebnisse erst nach der Entfunktionalisierung wieder als schön empfunden werden – erst eine stillgelegte Fabrik ist eine schöne Fabrik! Dasselbe gilt mittlerweile auch für alte Büromaschinen und -systeme.

Produktionsmittel, die schwer oder gar nicht zu transportieren sind, erzwingen offensichtlich eine andere Anordnung von Arbeitsplätzen als leichtes Gerät. Auch ist die Arbeitsteilung anders organisiert, und so ist die vorhin erwähnte Trennung auch bei den Gestaltungsprinzipien für Arbeitsplätze wieder auffindbar: Ein Arbeitsplatz in einem kleineren Unternehmen, das zum Beispiel Drehteile herstellt, und ein Arbeitsplatz in der Montage einer Automobilfabrik sind grundverschieden strukturiert.

Das Gesagte gilt nicht nur für den produzierenden Bereich, sondern auch für den Bereich, der die derzeit stärksten Wachstumsraten hat, nämlich die Dienstleistungen. Verwaltungen hatten einerseits schon immer den Hang zur Konzentration, was damit zu tun hat, daß eine räumliche Konzentration von Information nicht nur einen schnelleren Zugriff ermöglicht, sondern auch damit, daß diese räumliche Konzentration und damit die gleichzeitige Verfügbarkeit von Informationen eine neue Informationsqualität schaffen. Andererseits neigen sie zu „Zellbildungen“, d.h. der Ausbildung von spezialisierten Teilbereichen, die dann zu einer Erweiterung des „Apparates“ führen.

Hier liegt ein Effekt vor, den wir heute bei den vielfach verbundenen Computern so stark zu spüren bekommen, so daß wir meinen, ihn als neue Qualität dieser Technologie neu identifizieren zu müssen: Zum einen schreitet die Konzentration von Information weiter voran, zum andern sind die Informationsflüsse zwischen den „Zellen“ nicht mehr untereinander kompatibel. Alles scheint machbar, aber nichts geht mehr ...

2.4 Praktische Vernunft

Die Informatisierung der Arbeit bedingt, daß der eigentliche produzierende und fertigende Kern eines Betriebs generell gegenüber dem tertiären Bereich (d.h. dem Bereich, der Dienstleistungen für den produzierenden Kern erbringt) immer mehr abnimmt. Computergestützte Konstruktion, Arbeitsvorbereitung, werkstattorientierte Programmierung, rechnergestützte präventive Instandhaltung und dergleichen sind kennzeichnend für den gewachsenen Erstellungsaufwand für Steuer- und Kontrollinformationen produktionstechnischer Prozesse.

Der Veränderung der Arbeit durch die Technik steht eine Veränderung der Technik durch die Arbeit gegenüber, die mehr Entscheidungsarbeit verlangt als hervorbringende, rein produzierende Tätigkeit.

Und genau dieses macht den Blick frei auf eine Unterscheidung, die im Streit um die Technik und ihre angeblichen oder wirklichen Folgen, um Macht und um die Herrschaft der Sachzwänge, vielleicht nützlich ist: Es ist die Unterscheidung zwischen der instrumentellen und der praktischen Vernunft.

Diese Unterscheidung geht auf Aristoteles zurück und sie hat die Debatte immer wieder bis heute bestimmt. Das Wort Technik kommt vom griechischen Begriff der τέχνη. Dieser Begriff umfaßte nicht so sehr die Apparate, Geräte und Verfahren, sondern mehr die List, das Handwerkliche, den Trick.[16]

Entscheidend war bei dieser Auffassung, daß die τέχνη einem Zweck zu dienen habe, und zwar der Hervorbringung von Gegenständen, die wiederum nützlich sein sollten. τέχνη ist also als ein Instrument des Handelns einem Zweck unterworfen, der vom Handeln selbst als unabhängig betrachtet werden kann.[17] Diese Unabhängigkeit ist der geistesgeschichtliche Grund für die Annahme einer Wertfreiheit der Technik, der moralisch-ethischen Ambivalenz technischer Hervorbringungen. Spätere Philosophen wie Horkheimer haben dies mit dem Begriff der instrumentellen Vernunft beschrieben.[18]

Strebt man jedoch an, beim Handeln selbst gut zu handeln, ist also der Wert einer Handlung nicht nur bemessen nach seinem Zweck, sondern danach, wie sie selbst möglichst gut durchgeführt wird, dann wäre eine solche Handlungsweise durch eine Haltung zu beschreiben, die man praktische Vernunft nennt.

Spielt man die praktische gegen die instrumentelle Vernunft aus, dann wird allerdings schnell deutlich, daß nicht darüber gesagt wird, wer denn entscheidet, ob eine Handlung in sich möglichst gut durchgeführt worden ist. Der

[16] Vgl. DESSAUER (1956, S. 130 ff.).
[17] Vgl. ARISTOTELES, Nikomachische Ethik, 1140a–1140b7.
[18] Vgl. HORKHEIMER (1985).

Begriff krankt ebenso wie der der instrumentellen Vernunft, bei dem es „nur" um gesetzte Zwecke gehen soll, daran, daß man nicht aufzeigen kann, wer diese Kategorie entscheidet. Somit muß praktische Vernunft rückgebunden werden an konkrete Handlungen, sonst fehlt jede, auch politische, Verankerung des Begriffs. Somit muß man auch bei der Diskussion um die praktische Vernunft berücksichtigen, daß die so beschriebene Haltung ebenfalls interessengeleitet ist. Wichtig ist jedoch, diese Interessen zu thematisieren und ihre Artikulation nicht der ausschließlichen Bindung an den Zweck, dem die *τέχνη* zu dienen habe, überantwortet.[19]

Gestaltung von Technik, so die Forderung, sollte von praktischer Vernunft bestimmt sein. Das hieße, daß „gute" Gestaltung einen Wert für sich darstellte. In den folgenden Kapiteln wird allerdings von der praktischen Vernunft explizit nicht sehr oft die Rede sein. Aber die Prüfsteine für eine menschengerechte Gestaltung sollten den Blick auf die praktische Vernunft implizit enthalten. Am Ende des Buches soll darauf noch einmal explizit eingegangen werden.

---

[19] Vgl. auch hierzu die Ausführungen von METTLER-MEIBOM (1986) über den Begriff der sozialen Vernunft.

3. Informations- und Kommunikationstechniken im Aufbruch

3.1 Technik in der Kontroverse

3.1.1 Die Konferenz „1984 und danach ..."

Wenn man der These anhängt, daß der Prozeß, den man seit einiger Zeit Informatisierung[1] nennt, unaufhaltsam ist und die Wahl einer anderen Technologie als der universalen Informations- und Kommunikationstechnik nicht möglich ist, dann gibt es in bezug auf die zukünftige Technikentwicklung lediglich Gestaltungsmöglichkeiten, emanzipatorisch wie inhaltlich, aber nicht programmatisch. Diese Folgerung ist – mit Recht – umstritten, denn die Unvermeidlichkeit einer solchen Technik bedeutet noch lange nicht die Unmöglichkeit, ihre Entwicklungen zu beeinflussen.

Die von der Organisation for Economic Coordination and Development (OECD) veranstaltete Konferenz „1984 und danach ..." über die gesellschaftliche Herausforderung der Informationstechnik ergab, daß die Auswirkungen der Informations- und Kommunikationstechnik auf die Gesellschaft, das Individuum und die Wirtschaft kurzfristig eher überschätzt, langfristig aber unterschätzt würden (vgl. OECD 1984). Sie vertrat die Auffassung, daß der Einsatz solcher Techniken die in der Gesellschaft schon existierenden Probleme verdeutlicht und daß die kontroversen Debatten um die IuK-Techniken auch Debatten um die daraus entstehenden neuen gesellschaftlichen Strukturen sind.

Für diese Debatten sind Leitbilder und Ziele notwendig. Die Konferenz fand Konsens im Bestreben, den Taylorismus zu überwinden, das Recht auf freien Zugang zu Informationen und auf Datenschutz zu stärken, die notwendigen Bildungsanstrengungen zu verstärken und die Institutionen für die Informationsvermittlung und -aufbereitung zu schaffen oder zu unterstützen. Über die dabei zu verfolgenden Wege herrschte allerdings Dissens.

Die Konferenz sah es als Defizit an, daß die Verknüpfung der Argumentationen über die Technikfolgen in den Bereichen der technischen, sozialen und ökonomischen Innovation nicht oder nur unbefriedigend möglich ist. Hier sind Zeit, Geduld, Methodik und der Mut zu neuem Denken gefordert.

[1] Vgl. die Erweiterung des Begriffes bis hin zur „Informatisierung der Weltgesellschaft" bei BECKER (1980).

Die Konferenz war sich darüber im klaren, daß die Diskussion um die Auswirkungen der IuK-Techniken nicht allein national geführt werden kann, sondern in Hinsicht auf die europäische Entwicklung die notwendigen Anpassungsleistungen und Strukturveränderungen berücksichtigen und anstreben muß.

3.1.2 Die Weiterentwicklung der Diskussion

Innerhalb der von dieser Konferenz angestoßenen Diskussion fand seit 1985 eine Akzentverschiebung statt. Diese Verschiebung kann – zumindest für die Bundesrepublik – durch folgende Trends gekennzeichnet werden:

- Die Debatte zur Einführung von ISDN verstärkte unter anderem die Konzentration auf die Probleme des Datenschutzes und des Gebrauchs oder Mißbrauchs persönlicher Kommunikationsdaten, die beim technischen Aufbau von Verbindungen (rechnergesteuerte Vermittlung) anfallen.[2] Beispielhaft war hierfür der Nachweis von Zeit und Verbindungsaufbau von Autotelephongesprächen im Fall Barschel.
- Die Debatte um ISDN kreist aber auch um die Funktionalität von angebotenen Diensten bei ISDN, einschließlich der Erwünschtheit oder Unerwünschtheit bestimmter Funktionen bei den Endgeräten (z.B. Anzeige des anrufenden Teilnehmers vor dem Abheben).[3]
- Die Auseinandersetzung um die Volkszählung, aber auch die höchstrichterliche Rechtssprechung sowie die Durchführung der Volkszählung selbst hat eine Reihe von Bürgerinitiativen, Institutionen und Vereinigungen ins Leben gerufen, in denen die Fragen des Datenmißbrauchs, der Rechtfertigung bestimmter Kontrollbedürfnisse staatlicher Einrichtungen und vorrangig die möglichen Auswirkungen der Vernetzung von informationsverarbeitenden und kommunikationsermöglichenden Einrichtungen diskutiert wurden und weiter diskutiert werden.[4]

Insgesamt zeigt die Auseinandersetzung um den Bereich der rechnerunterstützten und rechnervermittelten Kommunikation, wie eine zunehmende Sensibilität der Betroffenen entsteht, wenn eine bestimmte Technik bisherige Organisationsformen und Verhaltensmuster der Systembetreiber in Frage zu stellen beginnt.

Die Rechnerunterstützung des Vermittlungsprozesses und die digitale Übertragungstechnik der Kommunikationsübertragung erweitern die Verarbeitungsmöglichkeiten des Kommunikationssignals beträchtlich und machen

---

[2] Vgl. LANGE (1990) und dort weitere Literatur.

[3] Vgl. ITG (1990).

[4] Vgl. KUBICEK (1987). Es ist bemerkenswert, daß es in den USA so gut wie keine Datenschutzdebatte oder Auseinandersetzung um ISDN gibt. Vgl. hierzu auch NOAM (1991) und dortige weitere Literatur.

die Verarbeitung von allem schneller.[5] Die Realisierung solcher Technologien ist allerdings prinzipiell auch in analoger Technik möglich. Trotzdem bedeutet die Möglichkeit, sowohl die Übertragungs- als auch die Vermittlungstechnik digital zu betreiben, daß eine Reihe neuer technischer Möglichkeiten erst ins Blickfeld der Technikgestaltung geraten ist.

Weitere Trends, die sich im Verlaufe der Diskussion der vergangenen Jahre ergeben haben, sind unter anderen:

- Die militärische Anwendung der Computertechnik, vor allem zur computergestützten Früherkennung etwaiger gegnerischer Raketenangriffe oder anderer aggressiver Akte, geriet erneut ins Feld der Diskussion durch die sog. Nachrüstungsdebatte im Zusammenhang mit den verkürzten Vorwarnzeiten. Hier löste insbesondere der Zweifel an der Zuverlässigkeit der verwendeten Software die Diskussion aus.
- Die Debatte um Möglichkeiten und Grenzen der Künstlichen Intelligenz, angeregt durch die Veröffentlichungen von WEIZENBAUM (1978), DREYFUS (1985) und anderen, fand erneut Nahrung durch die sog. Expertensysteme. Während fachintern bereits über eine Modifikation des rein wissensbasierten Ansatzes als für bestimmte Probleme nicht ausreichend diskutiert wird (insbesondere werden zunehmend die sogenannten modellbasierten Ansätze diskutiert, die aus der Systemtheorie stammen), hat sich auf der Anwenderseite eine etwas nüchternere Einschätzung der Möglichkeiten solcher Systeme breitgemacht (vgl. BULLINGER, KORNWACHS 1990).
- Die Debatte um die Neuronalen Netze ist eine Neuauflage, da diese Diskussion schon mehrmals im Zusammenhang mit der Lernmatrix von STEINBUCH (1961), dem Perzeptron und den formalen Modellen von McCULLOCH und PITTS (1943) geführt wurde. Der Wiederaufstieg dieser Konzepte liegt in der nunmehr billigen Verfügbarkeit von Hard- und Softwaremitteln zur Realisierung solcher Netze.
- Die Diskussion um die Parallelrechner-Architekturen verblieb mehr in den Fachkreisen, da für die Öffentlichkeit außer einer drastischen Steigerung der Rechengeschwindigkeit und des Verarbeitungsumfangs, z.B. bei Graphiken und Animation, keine weiteren außerfachlichen Folgen unmittelbar zu erkennen gewesen wären. Mittlerweile ist man der Ansicht, daß die Steigerung der Rechengeschwindigkeit und des Verarbeitungsumfangs bei der Computertomographie und Kernspintomographie auf der Unfallstation einen entscheidenden, weil lebensrettenden Zeitgewinn ermöglichen wird.
- Unter den Forschern in der Computerentwicklung und Anwendung hat die Diskussion um eine Theorie der Informatik neuen Auftrieb erhalten.

[5] Dies hat vielfach erörterte Folgen, von der Kunst (vgl. BOULEZ, GERZSOR 1988) bis hin zur möglichen Rasterfahndung durch Aufspüren bestimmter Stichworte beim Telephonverkehr.

Insbesondere wird diskutiert, inwiefern die Informatik eine Disziplin der Neuorganisation von Arbeit darstellt.[6]

Es kann zusammenfassend festgestellt werden, daß die Diskussionen um die Informations- und Kommunikationstechniken, zum erstenmal gebündelt in der Konferenz „1984 und danach ...“, seither öffentlicher und kontroverser verlaufen sind als vor dieser Konferenz. Dies liegt sicher nicht an dieser Konferenz alleine, denn das hieße die Wirkung einer solchen, allenfalls katalytisch wirkenden Veranstaltung zu überschätzen. Es liegt u.a. auch daran, daß die möglichen Auswirkungen, insbesondere was die Gestaltung unseres sozialen Lebens betrifft, deutlicher geworden sind als früher und deshalb zunehmend die politische Debatte bestimmen. Wenn man beginnt, nach Themen Ausschau zu halten, die die eben skizzierte Entwicklung inhaltlich erfassen und weiterverfolgen könnten, dann wird klar, daß man eine Technikbewertung und eine Technikfolgenabschätzung auf diesem Gebiet betreiben muß. Dabei wird man anders vorgehen müssen als bei Gebieten, bei denen es einschlägige Erfahrungen zur Technikfolgenabschätzung gibt, z.B. in der Energiewirtschaft.[7]

3.1.3 Die kontroversen Themen

Bei der politischen Bewältigung der Informations- und Kommunikationstechniken ist an erster Stelle die Auseinandersetzung um die Volkszählung, die Debatte um den Datenschutz, die Diskussion um die Künstliche Intelligenz (KI) und die Vernetzung zu nennen. Diese Debatten haben sich auch – zumindestens mittelbar – auf die Entwicklungs- und Produktpolitik der Hersteller dieser Technologien ausgewirkt.

Als kontroverse Themen werden immer wieder – aus einer technikorientierten Sicht heraus – bestimmte pragmatisch relvante Techniken diskutiert, deren Folgenpotential als besonders hoch eingeschätzt wird.

Hier ist insbesondere die Softwaretechnik zu nennen. Die Möglichkeiten der Vernetzung werden unterschiedlich diskutiert – ISDN ist eine Möglichkeit der Vernetzung, Breitband-ISDN geht über diese Funktionalitäten hinaus, weil damit auch umfangreiche Daten und Signale für TV, Graphik und Spezialdienste übertragen werden sollen.

Ferner können die neuen, für die konnektionistische Rechnertechnik zu entwickelnden Sprachen und Logiken als relevant angesehen werden, da diese zu neuen Denkweisen führen könnten. Die Weiterentwicklungen der Künstlichen Intelligenz, insbesondere bei der Entwicklung von „intelligenten Tools“, also Gestaltungswerkzeugen, werden ebenfalls als relevant erachtet. Dies hängt eng mit der Wichtigkeit der Softwaretechnik zusammen.

Die Entwicklung neuartiger Rechner wird ebenfalls als relevant angesehen. Die angesprochenen Auswirkungsfelder werden jedoch lediglich quantitativ

[6] Vgl. die Arbeiten von COY (1989 a).

[7] So zu finden u.a. in der Sammlung von Konferenzbeiträgen über „Reichweite und Potential der Technikfolgenabschätzung“ (vgl. KORNWACHS 1991).

verschieden tangiert, nicht aber qualitativ. Mit anderen Worten: Neuartige Rechner werden zwar schneller und mehr rechnen, aber die Folgen dieser Entwicklung sind – im Augenblick jedenfalls – höchstens für Fachleute interessant.

Es hat sich im Verlaufe der Diskussion die Vorstellung herausgebildet, daß eine Technikentwicklung wie die der Informations- und Kommunikationstechnik von bestimmten Faktoren abhängt und daß sie Auswirkungen und Folgen auf bestimmten Feldern zeigen wird. Faktoren und Auswirkungen sind wohl bei jeder Teiltechnik verschieden. Wir nennen der Einfachheit halber einen Satz von Variablen, die als beeinflussend angesehen werden können, einen Faktor, wenn diese Variablen inhaltlich zusammengehören.

Eine Reihe von Faktoren wird aus Beeinflussungsgrößen bestehen, die das Verwertungsinteresse an einer bestimmten Technik abbilden. Hier geht es um die Interessen von Herstellern sowohl der Endgeräte, der Komponenten, der großen Anlagen und so fort, aber auch um die Verwertung im Sinne von Marktanteilen, Handelsspannen, Konkurrenz, Monopolbildung, Marktsättigung u.a.m.[8] Die Beeinflussung der technischen Entwicklung durch die Vorstellungen der Hersteller dürfte wohl primär sein.

Ein weiterer Faktor stellt die Beschäftigungsprobleme bei Anwendern und bei Herstellern dar. Diese erhalten durch die abzusehende demographische Entwicklung beispielsweise in Hinsicht auf eine erforderliche altersgerechte Technikgestaltung im produktiven wie im privaten Bereich eine zusätzliche Schärfe.

Ausbildung und Qualifikation (sowohl Angebote wie Defizite) können durchaus einen gewissen Druck auf die Gestaltung de Informations- und Kommunikationstechniken ausüben, da einerseits mangelnde Qualifikation durch eine bestimmte Schnittstellengestaltung zwar nicht ausgeglichen werden kann (vgl. auch Kapitel 10–12), aber doch bestimmte Anpassungsmöglichkeiten bestehen. Benutzer mit höherer Qualifikation erwarten andererseits eine anspruchsvollere Bedieneroberfläche.

Schon vorhandene Techniken wie Produktionstechnik, Künstliche Intelligenz (KI), CIM-Bausteine, weitere Möglichkeiten der Anwendung von Informations- und Kommunikationstechniken in anderen Schlüsseltechnologien (wie Gentechnik oder Verkehrstechnik) stellen ebenfalls Faktoren dar, die die technischen Entwicklungslinien der IuK-Technik beeinflussen.

Weitere Faktoren, die sich aus dem gegenwärtigen und abzusehenden Kommunikationsbedarf ergeben können,[9] die aus geographischen oder geologischen Besonderheiten resultieren und die auch Verkehrs- und Standortfragen umfassen, lassen sich mit dem Begriff Infrastruktur etikettieren.

[8] Bemerkenswert in diesem Zusammenhang ist die zeitliche Koinzidenz von sportlichen Großereignissen wie Olympiaden oder Fußballweltmeisterschaften, dem Angebot von neuen Farbfernsehmodellen und den Verkaufszahlen.

[9] Man denke nur an die Unterschätzung des Bedarfs an Telephonleitungen zwischen den alten und neuen Bundesländern nach 1989.

Sich ändernde Leitbilder (man denke an die Prestigefunktion beim Autotelephon und dessen massenhafte Einführung, an das Umdenken im Energiesektor oder an den Verlust an Vertrauen in die Großtechnologie wie die chemische Verfahrenstechnik) bestimmen auf lange Sicht die Gestaltung der Entwicklungslinien ebenso mit wie die Klasse der Faktoren, die die derzeitigen Kosten einer Technik in Vergleich setzen mit den Kosten einer Substitution durch eine andere Technik (z.B. fossile Brennstoffe durch Solarenergie).

Weitere Faktoren wären zu sehen in der Weise, wie Standardisierungen zustande kommen. Auch das politische Prestige, das mit einer bestimmten Technikentwicklung verbunden wird (z.B. bei der Weltraumfahrt), kann ein erhebliche Faktor bei der Ausgestaltung einzelner Techniklinien sein. Nicht zuletzt ist auch hier der zu erwartende militärische Nutzen ein Beeinflussungsfaktor. Umgekehrt wird von der militärischen Forschung und Entwicklung kein allzu großer Spin-off mehr erwartet.

Man kann nun versuchen, die Techniken und ihre Auswirkungspotentiale anhand bestimmter Auswirkungsfelder, in denen sich diese Entwicklungen bemerkbar machen werden, zu beurteilen. Für die Informations-und Kommunikationstechniken haben sich insbesondere anhand der folgenden vermuteten Auswirkungsfelder die Kontroversen entzündet:

a) Demokratie und ihre Entwicklung,
b) Verletzlichkeit des Individuums, der Gesellschaft und der sozialen kommunikativen Strukturen,
c) Wirtschaftwachstum und Beschäftigung,
d) internationale Arbeitsteilung,
e) Arbeitsorganisation,
f) Produktionstechnologie der Zukunft (insbes. CIM und Mensch-Maschinen-Systeme),
g) Bildung und Qualifikation,
h) Formen des Zusammenlebens und die mögliche Änderung sozialer Institutionen,
i) Strukturen der Dienstleistungserbringung und -konsumtion,
k) Schattenwirtschaft,
l) Selbstverständnis des Menschen und Verständnis seiner gesellschaftlichen Rolle.

Bei diesen Auswirkungsfeldern beginnt die Frage, was erwünscht ist und was nicht, bereits eine erhebliche Rolle in der Diskussion zu spielen.

Um Mißverständnisse zu vermeiden, soll an dieser Stelle noch einmal betont werden, daß sich weder die Faktoren jeweils einzeln noch die Auswirkungsfelder unabhängig von den Faktoren betrachten lassen. Gerade die Antizipation von Auswirkungsfeldern wie die Auswirkungen selbst wirken als Faktor auf die Technikentwicklung zurück. Deshalb kann eine getrennte Betrachtung von Faktoren und Auswirkungen immer nur ein erster Schritt der Modellbildung in diesem Bereich sein.

3.2 Technologiepolitik und Forschungsbedarf

3.2.1 Technologiepolitische Überlegungen

Die wichtigsten Entwicklungen der Informations- und Kommunikationstechnik seit 1984 sind in der Möglichkeit zu sehen, mit bestehender Netzhardware durch verbesserte Softwaretechnik die Vernetzung auch tatsächlich vorantreiben zu können. Damit sind Anbindungen von Zulieferbetrieben an ihre Abnehmerfirma DV-technisch ebenso möglich (CIM im Verbund) wie eine Einbindung von Teleheimarbeitsplätzen in die jeweilige DV-Welt der arbeitgebenden Institution (Firma, Behörde etc.).

Ebenso ist es zunehmend möglich, durch Softwaregestaltung unmittelbar Arbeitsinhalte und Arbeitsstrukturen, mittelbar und langfristig auch die Arbeitsorganisation direkt zu beeinflussen und zu gestalten. Daraus folgt, daß eine Theorie der Informations- und Kommunikationstechnik auch eine Theorie der Arbeit enthalten muß und sich davon nicht trennen läßt.

Die großen kontroversen Themen beziehen sich damit zunehmend auf die Möglichkeiten, Arbeitsstrukturen und Organisationsstrukturen durch Softwareentwicklungen vorzustrukturieren. Partizipation, Organisationsentwicklung und der Wunsch nach Transparenz stehen einem Qualifikationsgefälle, einem kurzreichweitigen Effizienz- und Kostendenken sowie einem wachsenden Marktdruck gegenüber. Die Kontroverse wird hauptsächlich über Gestaltbarkeit und Beteiligung an der Gestaltung von Arbeitswelt, Lebenswelt (Freizeit), Eigenarbeit und Fremdarbeit und über die Gerechtigkeit der Verteilung von sinnvoller Arbeit geführt werden.

Die Handlungsoptionen für eine Technologiepolitik müssen vor diesem Hintergrund gesehen und neu diskutiert werden.

Während in der KI, den Neuronalen Netzen, den Quantenrechnern und der Theorie der Systeme durchaus Überraschungen erwartet werden könnten, nimmt man in der Softwaretechnik eine eher kontinuierliche Entwicklung an. Jedoch dominieren auch in den fortschrittlichen Technikansätzen (advanced technologies) eher die überraschungsfreien Entwürfe und Szenarien. Dies bedeutet aber nicht, daß die vorherrschenden Paradigmen z.B. der Softwaregestaltung nicht auch eine Auswirkung auf die zukünftige Gestaltung eines immer mehr mit Computerunterstützung arbeitenden Dienstleistungs- und Sozialleistungsapparates hätten.

Auch hier wird deutlich, daß eine Technikfolgenabschätzung auf diesem Gebiet dringend ist.

Nach einem Vorschlag von J. SEETZEN (1989) gibt es gerade für die Technikfolgenabschätzung im Bereich der IuK-Technik gewisse Auswahlkriterien. Diese sind:

1. Techniklinien sollten abgeschätzt werden, wenn ihre Entwicklung vermutlich zu hoher Betroffenheit der Gesellschaft oder Teilen der Gesellschaft führt (initiiert nach dem erwarteten Maß von Anpassungsleistung).

2. Techniklinien sollten abgeschätzt werden, wenn ihre möglichen Entwicklungen die Anpassungfähigkeit der Umwelt übersteigen oder gefährden.
3. Techniklinien sollten abgeschätzt werden, wenn ihre möglichen Entwicklungen die Entwicklungsmöglichkeiten künftiger Generationen einschränken.

In Ergänzung hierzu könnten weitere Kriterien, die spezifisch für die IuK-Technik sind, genannt werden:

4. Techniklinien sollten abgeschätzt werden, wenn ihre bisherige Entwicklung ein hohes Potential an Änderungen bei wirtschaftlichen Strukturen und Formen auch in Zukunft erwarten läßt.
5. Techniklinien, und insbesondere die zu ihnen führenden Grundlagendisziplinen, sollten einer auf Früherkennung ausgerichteten Abschätzung unterzogen werden, wenn ihre möglichen Entwicklungen die Grundlagen des menschlichen Selbstverständnisses, der individuellen und sozialen Identität und der Selbstbestimmung berühren.

Nach diesen Kriterien wären die gerade diejenigen Techniklinien der IuK-Technologien einer besonderen Betrachtung wert, die konstitutiv für das Entstehen und die Weiterentwicklung großer technischer Systeme sind, ebenso solche, die die Bedingungen für die technisch vermittelte menschliche Kommunikation mit bestimmen, ebenso solche, die das Verständnis von kognitiven Prozessen und menschlicher Intelligenz berühren, ebenso solche, die organisatorische und technologiepolitische Optionen auf Jahre hinaus festlegen könnten und schließlich solche, die das Potential zur Gestaltung sozialer Realität aufweisen. Dies Techniklinien wären deshalb in der DV zu suchen, bei den digitalen Technologien, den neuen Rechnerarchitekturen und der Softwaregestaltung. Diese Techniklinien scheinen ein näher zu bestimmendes Technikpotential zu beinhalten.

3.2.2 Technikpotentiale

Die Wichtigkeit der Kommunikations- und Informationstechnik drückt sich darin aus, daß die Priorität der zukünftigen Investitionsentscheidungen für diesen Bereich nach einer Umfrage bei Führungskräften in fast allen Branchen in etwa gleich eingeschätzt wird (vgl. KORNWACHS, NIEMEIER 1991).

Deshalb sollte eine Bestimmung der Entwicklungslinien gerade im IuK-Bereich immer in engem Kontakt mit entsprechenden Unternehmen geschehen, und dies ist einer der Gründe, weshalb Unternehmen auch selbst dazu übergehen, Technikfolgenbewertung und eine Bestimmung des Technikpotentials als einen Teil ihres eigenen Technikmanagements anzusehen.

Jeder Hersteller und kommerzielle Anwender berücksichtigt heute bereits bei der Entwicklung und Planung, daß jedes technische Mittel und Arbeitssystem, vom Computer bis hin zum Handwerkszeug, beim Einsatz und Gebrauch beabsichtigte, nicht beabsichtigte sowie wünschenswerte wie nicht wünschenswerte Auswirkungen und Folgen nach sich zieht.

Es ist allgemeine Auffassung, daß Technikfolgenabschätzung ein iterativer Prozeß ist, dessen Ergebnisse immer wieder aktualisiert werden müssen, da die Reichweite der Prognosen nur begrenzt sein kann. Dieser Prozeß impliziert methodisch drei Teilprozesse:

- Vorausschau der IuK-Entwicklungen
- Bestimmen des Technikpotentials dieser Entwicklungen
- Abschätzung der Auswirkungen und Folgen.

Unter Technikpotentialabschätzung versteht man ein methodenorientiertes Vorgehen, um das Potential einer Technologie oder bestimmten Techniklinie abzuschätzen. Dies kann von der Untersuchung einer Techniklinie unter dem Gesichtspunkt eines Arbeitsmittels oder eines Arbeitssystems im Sinne eines Produkts oder einer Dienstleistung bis hin zu globalen Auswirkungen eines Problemfeldes gehen.

Zu diesem Potential gehören insbesondere die gegenwärtig tatsächlichen, gegenwärtig möglichen und zukünftig möglichen Anwendungsfelder, die zu erwartenden technischen Weiterentwicklungen und die Aussicht darauf, daß die in Frage stehenden Techniklinien Chancen für neuartige technische Lösungen bestehender Probleme bieten. Dabei ist das Spektrum der vorhersehbaren Nebenfolgen des Einsatzes in Bezug auf inner- und außerbetriebliche Lebensqualität (z.B. Arbeitszufriedenheit, persönliche Entfaltung), auf Umwelt und Gesellschaft ebenso mit in Betracht zu ziehen.

Das Potential einer Technologie umfaßt daher nicht nur die Folgen einer Technologie in wirtschaftlicher, gesellschaftlicher und individueller Hinsicht beim zukünftigen Einsatz, sondern es umfaßt ebenso die Entwicklungsmöglichkeiten einer solchen Technik selbst.

Die Wünschbarkeit der Folgen, die sich aus einem Technikpotential ergeben können, ist nur dann bestimmbar, wenn man die abgeschätzten Folgen aufgrund definierter Ziele und Werte untersucht. Hierzu liegt eine Richtlinie des VDI über Technikbewertung vor:

> Technikbewertung „bedeutet das planmäßige, systematisierte organisierte Vorgehen, das
> - den Stand der Technik und ihre Entwicklungsmöglichkeiten analysiert,
> - unmittelbare und mittelbare technische, wirtschaftliche, gesundheitliche, ökologische, humane, soziale und andere Folgen dieser Technik und möglicher Alternativen abschätzt,
> - aufgrund definierter Ziele und Werte diese Folgen beurteilt oder auch weitere wünschenswerte Ziele fordert,
> - Handlungs- und Gestaltungsmöglichkeiten daraus herleitet und ausarbeitet,
>
> so daß begründete Entscheidungen ermöglicht und gegebenenfalls durch geeignete Institutionen getroffen und verwirklicht werden können“ (VDI 1991).

Die in dieser Richtlinie des VDI entworfene Definition ist etwas globaler, setzt aber offenkundig bestimmte funktionierende Verfahren der Technikpotentialabschätzung und der Technikfolgenabschätzung voraus.

Der methodische Anspruch an die Technikfolgenabschätzung und Technikbewertung wird jedoch oft zugunsten eines schnelleren, aber weniger genauen Orientierungswissens zurückgestellt werden müssen. Ob dies methodisch-wissenschaftlich legitim ist, bleibt eine offene Frage; bei Marktentscheidungen, in der Demoskopie (Schnellumfragen), im politischen Alltagsgeschäft, d.h. überall dort, wo unter Entscheidungsdruck und Zeitdruck gehandelt werden muß, wird auch bei anderen Methoden wie der Statistik, der Marktanalyse, der Prognosetechnik ähnlich verkürzend vorgegangen. Wenn man die Verkürzungen sichtbar macht, so daß der vorläufige Charakter sichtbar bleibt, ist gegen solche Schnellanalysen nichts einzuwenden. Die Problematik bleibt jedoch bestehen, da erfahrungsgemäß nach einer Schnellanalyse nur sehr selten zusätzlich die ausführliche Analyse durchgeführt wird.

3.2.3 Die Erforschung von Technikfolgen als Prozeß

Bei der konkreten Gestaltung von Technik und für die am Gestaltungsprozeß Beteiligten kann eine handhabbare und standardisierte Methode der Erforschung und Abschätzung von Technikfolgen nützlich sein. Eine solche Methode mit Ergebnissen, die denen großer Studien zumindest vergleichbar sind, müßte den Entwicklungs- und Stabsabteilungen mittlerer Unternehmen zur Verfügung stehen, vergleichbar dem umfangreichen methodischen Instrumentarium wissenschaftlicher Institute.[10]

Man sollte bei der Diskussion der Methoden davon ausgehen, daß für eine bestimmte Techniklinie die entsprechenden Basistechnologien, d.h.

- Produktionstechnik,
- angewandte technische Verfahren,
- hergestellte Technologie (Produkttechnologie)
- technischen Hilfsmittel für Forschung und Entwicklung (FuE),

etwa alle fünf Jahre in einem fortlaufenden Prozeß einer Technikpotentialabschätzung und in etwas größeren Abständen einer Technikbewertung unterzogen werden müssen. Daraus resultiert der iterative Prozeß jeder Technikfolgenforschung, die ja die inhaltliche Voraussetzung für eine Technikfolgenabschätzung darstellt.

Die Größen, die das Potential einer Technik bestimmen, legt man fest, indem man genau die Größen bestimmt, die in der Lage sind,

[10] Eine solche Methode ist in KORNWACHS, NIEMEIER (1991) entwickelt und vorgestellt worden. Diese Methode ist nicht zu verwechseln mit einer Gestaltungsmethodik selbst, die festlegen müßte, was sozialverträglich und humanzentriert sei. Diese Festlegung ist aber Sache eines permanenten technologiepolitischen Diskurses, den man nicht durch kanonische Regelwerke oder Normen ersetzen sollte.

- die gegenwärtig tatsächlichen, gegenwärtig möglichen und künftig möglichen Anwendungsfelder zu erweitern oder einzuschränken,
- die zu erwartende technische Weiterentwicklung zu beschleunigen, zu verlangsamen oder in der Richtung zu ändern,
- die Chancen für neuartige technische Lösungen bestehender Probleme dadurch zu erhöhen, indem sie die Bedingungen für überraschende Entdeckungen oder Erfindungen verbessern,
- die noch näher zu bewertenden Nebenfolgen des Einsatzes in bezug auf Arbeitszufriedenheit, Arbeitsqualität, außerbetriebliche Lebensqualität, Umwelt und Gesellschaft hervorzurufen.

Bei der Zusammenstellung von Handlungsoptionen werden Felder aufgezeigt, bei denen nach Ansicht der an diesem Prozeß Beteiligten Handlungsbedarf besteht, wenn eine wünschenswerte Entwicklung gefördert oder eine nicht wünschenswerte Entwicklung verhindert werden soll. Man kann versuchen, sich an dem Bild der „Stellschrauben" klar zu machen, welche Einflußgrößen den Technikentwicklern in den Unternehmen, dem Technologiemanagement und den Politikern hier zur Verfügung stehen.[11]

Das Ergebnis einer konkreten Technikfolgenabschätzung kann aus sechs Teilen bestehen:

1. Kurzgefaßter gegenwärtiger Stand der Technologie,
2. Kurz- und langfristige Prognose der technologischen Entwicklung (mehrere alternative Entwicklungspfade),
3. Kurz- und langfristige Prognose der künftigen Anwendungsfelder (mehrere alternative Entwicklungspfade),
4. Kurz- und langfristige Prognose über die zukünftigen Entwicklungsmöglichkeiten der Interaktion zwischen betrieblichen, branchenspezifischen, gesellschaftlichen, politischen und sozialen Faktoren einerseits und den zu erwartenden Anwendungsfeldern (einschließlich Szenarien künftiger inner- wie außerbetrieblicher Lebensgestaltung bei dieser Technologie) andererseits,
5. Plausibilitätsprüfung und Evaluation der vorgestellten Szenarien oder Simulations- und Prognoserechnungen,
6. Evaluation von daraus resultierenden Handlungsoptionen, Empfehlungen und Machbarkeitsbetrachtungen.

Eine Erforschung von Technikfolgen im Bereich der Informations- und Kommunikationstechniken kann deshalb dazu dienen, alternative Entwicklungsmöglichkeiten für Hersteller und für Ersteller von Pflichtenheften auf der Anwenderseite aufzuzeigen. Dabei kann Technikfolgenforschung die Wünsche von Anwendern, Betroffenen und potentiell Beteiligten an den technisch vermittelten Kommunikationsprozessen für oder gegen eine bestimmte Entwicklungsrichtung erfassen und präzisieren helfen.

---

[11] Vgl. auch Aufsätze hierüber wie NASCHOLD (1987), KLUMPP (1989 a,b); KLUMPP, ROSE (1991).

Die Technikfolgenabschätzung soll die erwünschten und unerwünschten Folgen und Nebenfolgen der IuK-Techniken bestimmen, die Faktoren analysieren, die die Entwicklung beeinflussen könnten, und die Realisierungsmöglichkeiten von Beeinflussungsstrategien untersuchen.

Nicht zuletzt ist es aber auch Aufgabe der Technikfolgenforschung und der Technikfolgenabschätzung, gerade auf diesem wichtigen Gebiet die öffentliche Debatte in Gang zu bringen.

Daraus kann man auch ableiten, daß weder die Technikfolgenforschung noch die Technikfolgenabschätzung die politische Willensbildung ersetzt. Beide können nur zur Entscheidungsvorbereitung beitragen.

4. Technisch-organisatorische Systeme

4.1 Große technische Systeme

Dieser Abschnitt behandelt – auch zum Aufbau eines besseren Verständnisses – das Problem der Steuerung und des autonomen Wachstums großer technischer Systeme, wie sie die großen Netze für Rechner- und Telekommunikation darstellen. Es ist nützlich, sich dabei der Allgemeinen Systemtheorie und ihrer Begriffsdefinitionen zu bedienen.[1] Es wird gefragt, wie man bei großen technischen Systemen den Begriff der Größe bestimmen kann und wie das anwendungsorientierte Systemdenken in den technischen Disziplinen zu bestimmten Eigenentwicklungen führt, vielleicht sogar führen muß. Weiter wird gefragt, wie die Gestaltung und Kontrolle großer Systeme vor sich geht oder wie man hofft, daß sie vor sich gehen sollte. Dabei fällt auf, daß sich unsere Einstellung zu technischen Großprojekten gewandelt hat. Ein Zitat soll dies deutlich machen:

> *„Dies ist ein Buch technischer Großwerke von heute. Aber es ist nicht nur ein Technikbuch. Es ist ein Buch vom Menschen, von seinem Willen, seinem Können und seiner Kraft. Denn große Werke – das sind nicht unbedingt jene, welche mit den größten Dimensionen aufwarten können, sondern solche, in denen am deutlichsten die persönliche Leistung des Menschen offenbar wird. Weder die Glut der Wüste noch das Eis der Arktis, weder die Gewalten der Bergstürme noch die Fieber des Dschungels können ihn abhalten, sein Werk zu vollenden, wenn er es will.“* (WEIHMANN 1956)

Mit diesem für die 50er Jahre charakteristischen Pathos führt der Herausgeber eines Buches über „Großtaten moderner Technik“ eine Reihe von

[1] Der Begriff „Systemtheorie“ wird bisweilen koextensiv zur Theorie der Regelung und Steuerung dynamischer Systeme angesehen – gelegentlich auch Kybernetik genannt; vgl. PADULO, ARBIB (1974) oder Lehrbücher z.B. wie SCHULZE, REHBERG (1988). Andererseits wird er mit der soziologischen Systemtheorie (vgl. LUHMANN 1985) gleichgesetzt. Wir wollen hier unter Systemtheorie die Allgemeine Systemtheorie verstehen, die im Sinne von BERTALANFFY (1973) offene Systeme behandelt. Geregelte Systeme sind dabei als ein spezieller Typus von Systemen anzusehen; vgl. KLIR (1969, 1985), ZEIGLER (1976), dort auch weitere systemtheoretische Literatur, zu finden u.a. auch in KORNWACHS (1987).

„Erzählungen“ über Kaprun, Sellafield (berüchtigt unter dem Namen Windscale), der Verlegung einer Pipeline durch Saudi-Arabien und andere an.[2] Eigentümlicherweise handelt es sich bei diesen technisch-organisatorischen Großprojekten eher um die erstmalige Verwendung neuartiger Verfahren oder um erstmalige Anwendungen im großen Stil als um große technisch-organisatorische Systeme. Der pathetische Ton, der auch den so beliebten Wochenschaukommentaren jener Zeit zu eigen war, ist weniger dem Ergebnis als der erfolgreich verlaufenden Geschichte eines solchen Projekts gewidmet. Die Memoiren der Manager des Manhattanprojekts[3] klingen ähnlich, und dies ist nicht nur in der Psychologie der „Macher“ begründet, sondern hat vermutlich einen systemgesetzlichen Grund.

Der Systembegriff[4] spielt in der Technik beim Entwurf, beim Herstellen und beim Vertrieb eine zentrale Rolle. Der dort verwendete Systembegriff ist technisch-instrumental. Eben dieser Begriff wird jedoch nicht oder nur inkonsequent angewendet bei der Analyse, Kritik und Abschätzung des Potentials und der Folgen einer bestimmten Technik hinsichtlich ihrer geplanten oder dann konkret verlaufenden Anwendung. Dies gilt ebenso bei der Analyse der Einbettung einer Technik in den sozialen Kontext einer bestehenden Organisation oder der Veränderung solcher Gebilde durch Technik.

Zwar ist es eine Binsenweisheit, daß eine Technik ohne eine organisatorische und soziale Hülle gar nicht ihre Funktion erfüllen kann, jedoch tut man sich bei der Beschreibung solcher technisch-organisatorischen Systeme ziemlich schwer. Während in der Technik die kybernetischen Begriffe wie Regelung und Steuerung ohne weiteres präzise und sinnvoll angewendet werden können, da sie auch eine quantitative Formulierung erlauben,[5] sind solche Begriffe

---

[2] Wenn hier die Methapher LYOTARDS von den großen Erzählungen einmal bemüht werden darf (1986, S. 87): „Ein grober Beweis: Was machen die Wissenschaftler, wenn sie nach irgendwelchen 'Entdeckungen' zum Fernsehen gerufen werden? Sie erzählen das Epos eines Wissens, das doch gänzlich unepisch ist.“

[3] Vgl. GROVES (1958).

[4] So z.B. bei KLIR (1969), ZEIGLER (1976, 1984), aber auch BERTALANFFY (1973) u.a..

[5] Dies ist auch ein Grund, weshalb viele ursprünglich qualitativ argumentierende Disziplinen sich von der Formalisierung ihrer Sprache auch den Sprung zur quantitativen Wissenschaft mit dem entsprechenden Ansehen, das mathematisierte Wissenschaften genießen, erhoffen (vgl. auch BOOS, KRICKEBERG 1976).

in der Psychologie[6] oder in der Soziologie[7] gelegentlich eher metaphorisch-deskriptives Begleitwerk.

In dieser Situation ist es natürlich schwierig, über Informations- und Kommunikationstechnik als große technische Systeme zu sprechen, da der gewählte Begriffsrahmen dazu zwingt, die Tragweite des Systemgedankens für die Wissenschaft selbst zu thematisieren. Hierzu gibt es Vorarbeiten,[8] in deren Rahmen einige Hypothesen näher untersucht worden sind, die für das Thema der großen technischen Systeme relevant sein könnten. Diese Thesen seien vorab genannt:

1. Jedes System hat einen Autor.[9]
2. System ist ein perspektivischer[10] und ein deskriptivischer Begriff. Die gezogene Systemgrenze ist expliziter Ausdruck des Verwendungsinteresses an der Systembeschreibung oder an einem zu bauenden System.
3. Jede Systembeschreibung konstituiert ein System, das uns im Umgang mit ihm als Gegenstand erscheint und damit gewohnheitsmäßig als geeignet angesehen wird, im Sinne von Wissenschaft objektiviert zu werden.[11]

Damit ist auch die erkenntnistheoretische Position, die hier eingenommen werden soll, expliziert: Das Handeln an und mit Systemen und damit auch die Bedingung der Möglichkeit von Erfahrungen an und mit Systemen ist wechselseitig mit der Wahl unserer Begriffe verknüpft und davon nicht trennbar.

---

[6] Vgl. DEPPE (1977). Davon zu unterscheiden sind die Arbeiten aus der Gruppe von KLIX (1980), die mit systemtheoretischen Methoden kognitive Strukturen erforschen wollen.

[7] Ein Beispiel hierfür stellen die Arbeiten von Luhmann dar. Während die soziologische Auseinandersetzung zwischen LUHMANN und HABERMAS (1971) auch ohne die systemtheoretischen deskriptiven Begriffe auskommt und lediglich den Systemgedanken thematisiert, stößt die Verwendung des systemtheoretischen Vokabulars bei mehr systemtheoretisch orientierten Technikphilosophen wie Rohpohl auf völliges Unverständnis. Vgl. hierzu ROPOHL (1979), aber auch OBERMEIER (1988), der versucht hat, die ständig wechselnden Konnotationen der Luhmanschen Verwendung von systemtheoretischen Begriffen nachzuzeichnen und zu systematisieren.

[8] Vgl. KORNWACHS (1987).

[9] Genauer: mindestens einen Autor. Der oder die Autoren sind diejenigen, die ein System entwerfen, oder analysieren und damit beschreiben. Damit hängt der Entwurf des Systems vom Erkenntnisinteresse der Autoren, ihren Zielvorstellungen und den Bedingungen ab, unter denen eine solche Beschreibung entsteht. Es ist damit nicht gesagt, daß die Autorenschaft bei Systemen den Diskurscharakter bei der Technikgenese leugnen würde (wie RAMMERT 1983, 1988 a,b dies zutreffend expliziert hat), sondern daß die Ebene der Systembeschreibung nicht hintergehbar ist, weil es keine Systemgesetzlichkeiten als solche gibt.

[10] Vgl. LENK (1983).

[11] Diese drei Thesen könnten das Mißverständnis evozieren, daß die Ausprägung von Systemen allein von den Systembeschreibern abhänge. Der Systembegriff verweist jedoch, gerade wegen seines hohen formalen Abstraktionsgrades, auf Strukturen, die vom Erkenntnisinteresse des Autors invariant sind, ähnlich den formalen Regeln in der Mathematik oder der Logik.

Dies gilt ganz besonders für die Informations- und Kommunikationssysteme unserer Tage.

4.2 Zum Begriff der Größe

Systemtypologien sind im Laufe der Entwicklung der Systemtheorie oft vorgestellt worden, und sie werden laufend verbessert. Will man daher für den Begriff der großen technischen Systeme eine geeignete Systemtypologie vornehmen, um solche Systeme beschreiben zu können, ist es notwendig, sich zuerst klarzumachen, was bei diesen organisatorisch-technischen Gebilden vernünftigweise durch den Begriff System beschrieben werden kann.

Zunächst ist ein System etwas, was sich als zusammenhängendes, zusammengestelltes oder sonstwie mit einer inneren oder äußeren Ordnung behaftetes Gebilde begreifen läßt – die begriffliche Trennung in das Ganze und seine Teile, also in Gesamtverhalten und Verhalten der Komponenten, Subsysteme oder Elemente, die durch eine Struktur miteinander wechselwirken und so zum Gesamtverhalten beitragen, impliziert auch eine Trennung von Innen und Außen, d.h. eine Systemgrenze.

Wenn bei einem System von einem prgamatischen Standpunkt klar gesagt wird, was noch dazu gehört und was nicht, so konstituiert dies eine Oberfläche.[12] Durch diese Oberfläche, die die Grenze zwischen dem System und seiner Umwelt darstellt, kommuniziert das System mit der Umwelt über wie auch immer geartete Wechselwirkungen, die es veranlassen, sich so oder so zu verhalten. Diese Wechselwirkungen können nicht beliebig strukturiert sein – man weiß heute, daß sie selbst informationshaltig sein müssen, d.h., daß sie Information darstellen.[13]

Der Begriff der Trennung von Innen und Außen ist fundamental, so daß er noch eine weitere Konsequenz hat: Systeme sind Quellen von Information, man kann aber auch Information in Systeme verwandeln. Information und System sind zwei Seiten derselben formalen Beschreibungsmöglichkeit, die wir haben. Die Wirkung von Information kann sogar danach beurteilt werden, ob sie in der Lage ist, aufgrund eines rezipierenden Minimalsystems ein System aufzubauen, ein bisher bestehendes zu erweitern oder zu zerstören.

Die notwendigen Präzisierungen des Zusammenhangs von Information und System kamen aus der biologischen Systemtheorie, die ja die Allgemeine Systemtheorie inspiriert hat. Die technisch orientierte Systemtheorie der Netze, der nachrichtentechnisch orientierte Informationsbegriff, die formalen Modelle der Operations Research und der Spiel- und Entscheidungstheorie einerseits und der Regelungstheorie andererseits[14] waren aber für die Model-

---

[12] Den Begriff der Oberfläche in diesem Zusammenhang verdanke ich intensiven Diskussionen mit W. Hinderer, Karlsruhe.

[13] Vgl. KORNWACHS (1987).

[14] Letztere entspricht einem eingeschränkten technischen Verständnis von Kybernetik.

lierung des Computers[15] oder des Gehirns[16] sowie biologischer oder soziologischer Systeme außer einem Überfluß schlecht verständlicher Metaphern nicht sonderlich fruchtbar.

Gleichwohl sind die Begriffe wie Komplexität, System, Stabilität zu griffigen Hülsen verkommen, die eine Präzision der Begriffsbildung vortäuschten, die vom Gegenstandsbereich vielleicht gar nicht zu leisten war.

Beschreibt man technische Systeme, so benötigt man den Begriff der Funktion, der sich in zwei bisher noch nicht einheitlich beschreibbare Ebenen definieren läßt: Funktionen wie die Transformation von Energie und Materie in andere Formen und Konstellationen, damit sie bestimmten Zwecken diene, sowie die Erzeugung und Umformung (Bearbeitung) von Informationen zum Auf- und Umbau von Organisationen im Sinne von sozialen und operativen Strukturen. Diese Funktionen sind instrumental vermittelt, d.h., daß zwischen der Realisierung einer Funktion und dem Objekt, auf das sich die Funktion bezieht, ein Instrument wirkt, das dadurch genuin einen technischen Charakter bekommt.[17]

Jedes technische System ist in ein organisatorisches System eingebunden, das die Zwecke und dadurch den Sinn der Funktionen erst vermittelt, transportiert und dadurch auf die Zwecke wieder zurückwirkt. Davon zu unterscheiden wären technische Großprojekte, deren Oberfläche zeitlich, nicht strukturell oder organisatorisch bestimmt sind: Sie dauern lange und weisen einen entsprechenden Aufwand an Technologie, menschlicher Arbeitskraft, Kapital und anderen Ressourcen auf.[18] Ihr Ergebnis kann, aber muß nicht, ein großes technisches System sein. Das schlagende Gegenbeispiel ist das 1945 abgeschlossene Manhattanprojekt, das genau drei Kernwaffen hervorgebracht hat, wovon zwei in Japan eingesetzt wurden.

4.2.1 Große und kleine Systeme

Die Größe eines technischen Systems bedingt sich nach den oben genannten Ausführungen nicht nur danach, welcher Aufwand zur Erstellung notwendig war, sondern auch danach, welche Funktion das technische System ausübt

---

[15] Im Sinne der Theorie der Berechenbarkeit und der Versuche der künstlichen Intelligenz.

[16] Man denke an die erst jetzt wiederentdeckten neuronalen Netze.

[17] HORKHEIMER (1985) berichtet in seiner „Kritik der instrumentellen Vernunft" über einen amerikanischen Knaben, der seinen Vater fragt, wofür der Mond denn Reklame mache (vgl. S. 101).

In dieser Sichtweise ist die Zweck-Mittel-Relation bei der Betrachtung der Technikgenese durchgängig. Gesellschaftliche Bedingungen verändern aber Zwecke, und auch die Mittel selbst können, sofern sie nicht Selbstzweck geworden sind, die Zwecke verändern. So ist kein Mittel nur ein Mittel, wie G. ANDERS (1956) betont.

[18] Man denke hier an den (Neu-)Aufbau der Telekommunikation in den neuen Bundesländern.

und inwiefern sich diese Funktion lokal oder nur im Rahmen weitverzweigter Interaktionen realisieren läßt.

So ist das Welttelephonnetz mit etwa 10^{10} möglichen Verbindungen von einem rein strukturellen Gesichtspunkt her fast genauso komplex wie das Gehirn mit 10^{10} Neuronen, dennoch würden wir aus guten Gründen dem Gehirn eine weitaus größere funktionelle Komplexität zubilligen. Einen Computer, der ungefähr eine solche Anzahl von Schaltelementen aufweisen könnte, würden wir zwar eine große technische Komponente nennen, dem Welttelephonnetz aber das Prädikat zuschreiben, ein großes technisches System zu sein.[19]

Große Systeme sehen wir daher als solche an,

- die eine große Anzahl von Komponenten besitzen,
- die zwischen diesen Komponenten eine starke innere Abhängigkeit aufweisen, d.h. eine hohe Strukturdichte haben,
- die eine räumlich ausgedehnte Vernetzung für die Realisation ihrer Funktionalität benötigen,
- deren Lebensdauer mindestens der des menschlichen Generationswechsels vergleichbar ist,
- deren Erhalt der Funktionsfähigkeit in präventiver wie reaktiver Hinsicht eine umfangreiche Organisation mit nicht automatisierbaren Anteilen erforderlich macht,[20]
- deren Oberfläche gegenüber Störungen zu einem bestimmten Grade invariant reagiert und
- die Rückkopplungen und Vorwärtskopplungen aufweisen, in deren Regelstrecken menschliche Entscheidungen eingebaut sind.

Man sieht aus dieser Festlegung, daß wir die vollautomatisierten Systeme ausschließen, und zwar deshalb, weil sich der Begriff der Automatisierung – im Augenblick wenigstens noch – nur auf eine endliche Klasse von technisch realisierbaren Funktionen anwenden läßt.[21] Das automatisierte Gebil-

---

[19] Vgl. die Diskussion hierzu in KORNWACHS, LUCADOU (1978, 1984). Wichtig ist auch eine terminologische Unterscheidung: Einem System schreibt man, selbst wenn man es nur auf der Ebene einer black-box betrachtet, intern immer eine Struktur zu. Diese ist zwar nicht immer bekannt, wird aber als existent vorausgesetzt. Bei großen technischen Systemen oder sozialen Systemen wird diese Struktur Infrastruktur genannt.

[20] Üblicherweise versteht man unter Automation die Übernahme der Steuerung eines technischen Prozesses durch interne Größen des Prozesses selbst (Rück- oder Vorwärtskopplung). In Bezug auf eine Organisation wollen wir unter automatisierbaren Anteilen solche Prozesse verstehen, deren Ablauf entweder durch kybernetische Regelung, durch algorithmische Verfahren oder durch enumerative Verfahren (Fallunterscheidungen und Deduktionsprozeduren) vollständig determiniert werden kann.

[21] Gemeint ist der Umstand, daß jeder automatisierte Vorgang ein gesteuerter Vorgang ist, bei dem das Steuersignal in irgendeiner Weise berechnet werden muß. Diese Berechenbarkeit ist bestimmten Einschränkungen unterworfen, z.B., daß es nicht möglich ist, den Bereich der realisierbaren Funktionen während des Be-

de, verstanden als pure Maschinerie ohne menschliche Eingriffsmöglichkeiten während des Prozeßablaufs, ist deshalb von einer festgelegten, nur von außen wirklich änderbaren Funktionalität.

4.2.2 Struktur, Verhalten, Regelung und Steuerung

Die Struktur eines Systems wird gegeben durch die Verknüpfung zwischen den Elementen. Diese Verknüpfung ist sehr stark davon abhängig, auf welcher Ebene das System beschrieben wird. Materialflüsse können in einem Produktionssystem sehr wohl hohe Strukturdichten[22] aufweisen, während der zugehörige Informationsfluß sehr wohl eine einfache Struktur (z.B. kreis- oder sternförmig) aufweisen kann. Beide Strukturen gehören zum selben System, aber auf verschiedenen Ebenen der Beschreibung. Die Interaktion zwischen beiden Strukturen, z.B. die Wechselwirkung, wie der Informationsfluß den Materialfluß steuert, ist zwar operativ beherrschbar, wird aber theoretisch noch nicht voll verstanden.

Große technische Systeme haben mehrere Ebenen, auf denen sich Strukturen, die zum Teil interagieren, definieren und beschreiben lassen. Die Strukturen zeigen auch durch unterschiedliche Dichte, wo Hierarchien – also die Aufteilung in Subsysteme und weitere Unterteilungen – sich abzeichnen oder vorliegen. Dies wird beispielhaft bei der herkömmlichen Vermittlungstechnik deutlich.

Das Verhalten eines Systems wird nach der Grundüberzeugung der technischen Kybernetik ausschließlich durch das Verhalten der Elemente und durch die Struktur bestimmt. Setzt man die Zuverlässigkeit der Elemente und die Stabilität der Struktur voraus, dann stimmt dies für abgeschlossene Systeme, die definiert und störungsfrei mit der Umwelt in Verbindung stehen. Das schlagende Beispiel ist die elektrische Schaltung: Schaltplan und Bauelemente bestimmen die Funktionalität z.B. eines Rundfunkempfängers vollständig.

Große technische Systeme sind alles andere als deterministische Systeme. Sie bestehen aus einer organisatorischen Hülle, einem funktionalen Kern, einer in der Zeit wachsenden Struktur (nach Anzahl der Verknüpfungen, der Wechselwirkungen wie nach Anzahl der Komponenten) und sind deshalb in ihrem Gesamtverhalten trotz Kenntnis des Verhaltens der Komponenten oder

triebs des Systems eigenständig zu erweitern. Deshalb haben vollautomatisierte Systeme auch kein dynamisches Verhalten, das ein Wachstum des Systems selbst einschließt.

22 Strukturdichte ist definierbar als der Quotient aus den vorliegenden Verbindungen zwischen den Elementen und der Anzahl aller möglichen Verbindungen.

Subsysteme prinzipiell nicht mehr vollständig beschreibbar.[23] Wenn dies so ist, dann sind solche Systeme, ohne daß man zusätzliche Außenkontrollen und Eingriffsmöglichkeiten schafft, nicht mehr in dem Sinne steuerbar, den dieser Begriff im technischen Kontext hat.

Unter Steuerung versteht man die Handlungen, ein System über seine Oberfläche so zu beeinflussen, daß ein gewünschter Zustand innerhalb einer bestimmten Zeit erreicht oder beibehalten wird. Die Regelung besteht dann in der Automatisierung dieser Steuerung, indem man die Informationen, die man aus dem System selbst erhält, für die Berechnung der Steuersignale ausnutzt.

Die Beeinflussung durch Steuerung setzt aber eine Kenntnis der Verhaltenscharakteristik des Systems voraus. Die Möglichkeit der Steuerung nimmt mit der Unmöglichkeit, diese Charakteristik zu bestimmen, drastisch ab. Mangelnde Beschreibbarkeit führt dazu, daß man zur Statistik Zuflucht nehmen muß, was zum statistisch geprägten Begriff der Zuverlässigkeit und des Risikos führt.

Es kann also durchaus der Fall sein, daß große technische Systeme nicht mehr beherrschbar im Sinne der Steuerbarkeit sind,

- wenn im Laufe ihrer Existenz ihre funktionale Bestimmung geändert wird (z.B. die Kommerzialisierung der Organtransplantation),
- wenn die Eigendynamik des Systems zu Strukturänderungen führt (z.B. bei neuronalen Netzen oder damit vergleichbaren Strukturen),
- wenn die Reaktionszeiten auf Steuersignale (z.B. zur funktionalen Korrektur) in der Größenordnung des Zeithorizonts der Beschreibbarkeit (und damit der Verstehbarkeit) des Systems liegen (z.B. bei Just-in-time-Planungs- und Steuerungssystemen in der Produktionstechnik) oder
- wenn sich innerhalb des Systems kollektive Phänomene herausbilden, die aus dem Elementarverhalten und der Struktur nicht mehr ableitbar oder erklärbar sind.

4.2.3 Funktion, Extension, Intension, Wechselwirkung

Gerade die letzte Bedingung scheint etwas mystisch zu sein – dennoch spiegelt sie eine Alltagserfahrung wieder: So weisen zum Beispiel große elektrische Versorgungsnetze Schwankungen auf, die als Resonanzbedingung interpretiert werden können, die man bei Netzen – bis zur Beobachtung des Phänomens – für ausgeschlossen hielt. Ähnliche Effekte ergeben sich bei großen

[23] Diese Behauptung hört sich kühner an, als sie ist, denn man kann zeigen, daß selbst einfache Systeme, deren Struktur sich ändert, aus logischen Gründen keine vollständige Voraussagen ihres Verhaltens mehr gestatten. Man bezeichnet diese Systeme daher auch als „nichtklassische Systeme". Sie haben übrigens eine formale Ähnlichkeit mit quantenmechanischen Systemen (vgl. hierzu E.U. v. WEIZSÄCKER 1974; KORNWACHS, LUCADOU 1984; KORNWACHS 1988).

Rechenzentren, zyklisch auftretenden Krisen in Organisationen oder bei periodischen Zusammenbrüchen der Vermittlungsqualität bei Kommunikationsnetzen. Man kann hier annehmen, daß es bei solchen Systemen, die sehr komplex sind (mit strukturellen Instabilitäten), Verhaltensweisen auftreten, die als Eigenschaften des gesamten Systems aufgefaßt werden müssen und die sich nicht auf die Einzeleigenschaften reduzieren lassen.

Dies hängt unmittelbar damit zusammen, daß Systeme eine Oberfläche aufweisen, die sich auf das System als Ganzes bezieht. Eine solche Oberfläche ist aber auch implizit eine Repräsentation der Funktionalität des technischen Großsystems, so daß Eigenschaftsänderungen, die sich auf das System als Ganzes beziehen, an der Oberfläche sichtbar werden. Diese interpretiert man i.a. dann als Störung oder Abweichung von der festgelegten Funktionalität.

Die Extension eines Systems, d.h. seine räumliche und zeitliche Ausdehnung bei Realsystemen oder seine Erstreckung über einen von relevanten Variablen aufgespannten Zustandsraum[24] bei einem deskriptiven System (z.B. das Weltmodell von Forrester und Meadows mit etwa 20 000 Variablen), bestimmt die Größe des Systems mit – eine große Extension ist jedoch keine hinreichende Bedingung dafür, daß es sich um ein großes System handelt. Die Extension kann ja auch ein Anzeichen dafür sein, daß die Beschreibungsebene für ein solches System falsch gewählt wurde und deshalb die Anzahl der Beschreibungsgrößen explodiert.

Unter Intension wollen wir die funktionale Reichweite eines Systems verstehen, d.h. nicht seinen räumlichen oder nach Anzahl der Variablen zu bestimmenden Umfang, sondern seine Wirkungsmöglichkeiten in der Systemumgebung. Die Intension eines Systems ist also um so größer, je gravierender die Änderungen der Systemumgebung[25] durch das Vorhandensein und Agieren eines solchen Systems sind. Diese Änderungen können danach ge-

[24] Man muß sich den Zustandsraum analog dem geometrischen Raum der Anschauung vorstellen: Der Zustand eines mechanischen Systems wird durch die Angabe der Werte der Ortskoordinaten und der Geschwindigkeiten oder Impulse zu einem bestimmten Zeitpunkt festgelegt. Die Anzahl der benötigten Variablen für eine (vollständige) Beschreibung ergibt die mathematische Dimension des Zustandsraums. Kurven in einem solchen Zustandsraum bilden dann die Dynamik des Systems ab. Dies gilt beispielsweise auch für elektrische Systeme oder Systeme der Ökonomie (vgl. PADULO, ARBIB 1974).

Bei nichtmechanischen Systemen (z.B. den Systemen des biologischen Verhaltens oder der Automaten und Rechenmaschinen) kann dieser Zustandsraum diskret sein (in Hinsicht auf Zeit oder Werte der Variablen sind dann nur Schritte möglich). Das Zustandsraumkonzept ermöglicht eine unmittelbare Anwendung der Regelungstheorie auf Probleme, die sich so darstellen lassen. Es hat jedoch den Anschein, daß es Klassen von Systemen gibt, die sich nicht durch das Zustandsraumkonzept darstellen lassen, z.B. wachsende oder evolvierende Systeme (vgl. MATURANA 1985), oder bei denen eine Zustandsraumbeschreibung inadäquat ist. So interessieren z.B. beim Mobilfunk die Einzelzustände der Komponenten nicht, sondern es werden verdichtete Zustandsgrößen wie der Auslastungsgrad gebildet, und damit wird argumentiert.

[25] Etwas ungenau auch Systemumwelt oder kurz Umwelt genannt.

messen werden, welche Systemdynamik in der Umwelt selbst evoziert wird und wie viele Variablen der Systemumgebung direkt oder indirekt durch Variable des Systems selbst gesteuert werden.

Funktion und Intension eines Systems sind genau dann aufeinander beziehbar, wenn ein System mit bekannter Reichweite (Intension) in eine Umwelt gebracht wird, um dort wunschgemäß zu wirken.

Die Wirkungen zwischen System und Umgebung sind jedoch wechselseitig. Jedes oft gebrauchte Instrument des Handelns schleift sich ab, verändert seine Intension und muß instandgesetzt werden. Die Begriffe Instandsetzung, Wartung, Reparatur – alles mechanistische Begriffe, die sich aber als Methaphern ohne weitere Verständnisschwierigkeiten auf soziotechnische Systeme anwenden lassen – verweisen auf die Wechselwirkung von System und Systemumgebung, so daß sich die definierte Oberfläche oftmals auflöst, neue Konfigurationen und Systeme entstehen, erfunden oder gebaut werden.

Große technische Systeme könnten wir demnach dadurch klassifizieren, daß ihre Intension sich auf viele Bereiche der organisatorischen, wirtschaftlichen, sozialen und individualpsychologischen Systemumgebung erstreckt, daß sie extensiv sind in räumlicher und zeitlicher Hinsicht und daß dadurch ihre funktionelle Vielfalt in der Regel über der liegt, die vom Betreiber, Hersteller oder Benutzer erkannt oder gewollt wird.

4.2.4 Universalisierung des Werkzeugs

Bei großen technischen Systemen kommt jedoch noch ein weiteres Problem hinzu, das sich zunächst nur bei den Komponenten festmachen läßt. Infolge der Substitution z.B. mechanischer Funktionen durch elektrische Funktionen bei der elektrischen Schreibmaschine ist es möglich, die Steuersignale beliebig zu verteilen, sie räumlich anders anzubringen als bei mechanischen Modellen. Diese Entlokalisierung der Funktion nimmt beim nächsten Substitutionsschritt zu: Die elektrische Funktion wird nun informationstechnisch beim Textsystem realisiert.

Die Substitution solcher technischen Funktionen durch informatorisch realisierte Funktionen bringt zum einen eine Funktionserweiterung, d.h. weitere Funktionen sind in dasselbe Gerät integrierbar, zum anderen eine weitaus größere Beeinflußbarkeit wie auch bessere Abgriffsmöglichkeiten[26] zur Kontrolle der Systemverwendung und der Systemfunktionen. Man kann hier von der Grundlegung zu einer Universalisierung des Werkzeugs sprechen. Sieht man sich die modernen Fertigungstechniken an, so ist der Trend zu einer Integration möglichst vieler Funktionen in eine einzige Maschine unverkennbar. Diese Universalisierung ist möglich, weil sich die Funktionalität nun nicht mehr aus der Form und der Mechanik bestimmt, sondern aus der Definition in

[26] Darunter subsumiert man die Beobachtung, die Messung und die Aufzeichnung der jeweiligen Eingangs- und Ausgangsgrößen.

einer formalen Sprache. Dies erweitert das Spektrum der gewünschten Funktionen in einer Weise, deren Auswirkungen heute noch gar nicht abgeschätzt werden können.[27]

Neben der Funktionserweiterung ist ein weiterer Effekt festzustellen, der den Aufbruch der Informations- und Kommunikationstechniken erst möglich gemacht hat: Die Substitution manuell ausgelöster Wirkungen durch mechanische Realisationen, deren weitere Substitution durch elektrische Signale und deren Substitution wiederum durch symbolische Repräsentationen erlaubt nunmehr das „Transportieren“ von Wirkungen und deren auslösenden Bedingungen. Damit wird, zu einem gewissen Grade, die Entfernung eliminiert. Das bedeutet auch, daß der Begriff der Maschine seine Bedeutung, die auf der Lokalität von Wirkung aufbaut, verliert und neu überdacht werden muß.

4.3 Vom praktischen Umgang mit Systemen

Das Systemdenken, d.h. die Verwendung systemtheoretischer Begriffe und Bilder zur Erklärung, Prognose und gelegentlich auch Beschwörung von Gegebenheiten, Dingen und Prozessen, liefert irreführende Aussagen, wenn man so tut, als ob ein System aus sich heraus ein Objekt sei.

Diese Irreführung findet sich, wenn „Sachzwänge“ scheinbar mittels naturgesetzlicher Einsichten begründet werden, aber auf einer Verwechslung von natürlichen Tatsachen und institutionellen Tatsachen beruhen.[28] Mit genau derselben Zwangsläufigkeit wie in den Naturwissenschaften Prozesse als gesetzmäßig ablaufend angesehen werden, werden auch die institutionellen Tatsachen zur Begründung von ordnungsgemäß abzulaufenden Prozessen verwendet. Dies hängt damit zusammen, daß es einen lediglich pragmatischen, aber keinen logisch zwingenden Grund für die Möglichkeit gibt, aus erkannten Gesetzen zu Regeln für Handlungen zu kommen.

In der Wissenschaftstheorie der Angewandten Wissenschaften kennt man das Übergangsmodell von M. BUNGE (1967), das inzwischen weiterentwickelt worden ist.

[27] Von KANT (1786) stammt die Definition, wonach eine Maschine dasjenige sei, dessen bewegende Kraft von seiner geometrischen Form abhänge. Wir müssen heute die Maschine als all das interpretieren, was sich aufgrund eines wohlgeformten Ausdrucks im Rahmen einer formalen Sprache in eine physikalische Wirkung umsetzen läßt. Das heißt, daß die Maschine zur Sprache kommt.

[28] Diese Unterscheidung geht auf SEARLE (1971) zurück und ist m.E. sehr hilfreich: Natürliche Tatsachen beziehen sich auf das So-Sein der Welt, wie wir sie, gefiltert durch unsere Begriffe, vorfinden, z.B. daß ein Stein, wenn man ihn losläßt, nach unten fällt. Institutionelle Tatsachen, daß man beispielsweise für Geld Brot kaufen kann oder daß erwartet wird, daß man Versprechen einhält, beziehen sich auf implizite oder explizite aktuelle oder historische Absprachen, die Institutionen konstituieren.

Es besteht im wesentlich aus der Beschreibung, wie man von einer wie ein Gesetz formulierten Aussage (z.B. wenn die Temperatur ansteigt, ist in einem Kommunikationskanal mit erhöhtem Rauschen und deshalb mit Störungen der Übertragungsqualität zu rechnen) zu einer Regel kommt (im Beispiel: Wer Störungen erzeugen will, braucht nur die Temperatur zu erhöhen).[29]

Man kann bei diesem Modell zeigen, daß ein Schluß von der Wahrheit der gesetzesartigen Aussage auf die Effektivität der Regel ebensowenig möglich ist wie der Schluß von der Effektivität auf die Wahrheit des Gesetzes. Hier liegt ein Trugschluß vor, dem die meisten anwendungsorientierten Erbauer von Regelsystemen unterliegen: Praxis hat nach dieser Vorstellung schlicht und einfach keine validierende Potenz, wohl aber eine widerlegende.

Daß sich Effektivität und empirische Wahrheit trennen lassen, zeigt sich durch zweierlei:

1. Es gibt Problemlösungsverfahren bei Problemen, die man wissenschaftlich nicht verstanden hat und die, pragmatisch gesehen, befriedigend sind (Beispiele: Politik, Management, Gewölbebau der Römer etc.). Umgekehrt gibt es wissenschaftliche Einsichten in Prozesse, die deshalb technisch noch lange nicht beherrschbar sind (Beispiele: Fertilisation, Kernverschmelzung, Friedensforschung etc.).
2. Die Reduktion der wissenschaftlichen Wahrheit auf die Praktikabilität der zugehörigen Regel setzt eine vollständige Präparation des gewünschten Prozesses voraus, die aus prinzipiellen Gründen nicht zu leisten ist.

4.3.1 Problemlösungsverfahren und Systemtechnik

Die Systemtechnik geht einen anderen Weg: Sie definiert bereits das Machbare im Systemdesign, wobei sie sich vergleichsweise wenig um das – meistens sowieso nicht vorhandene Gesetz – kümmert. Dabei ist die Problemlösung pragmatisch, nichtlogisch aufgebaut. Sie ist nicht das Ergebnis eines logischen Schlusses, wie dies die Prognose bei naturwissenschaftlichen Experimenten darstellt, sondern eines noch nicht einmal durch Algorithmen beschreibbaren Prozesses, der hermeneutische Elemente, Trial-and-Error-Verfahren, Zufallsauswahl und Vereinfachungen aus übergeordneten Überlegungen enthält.

Das Kriterium, ob ein System akzeptiert oder verworfen wird, wird von Wünschen und Zwecken bestimmt. Das Kriterium naturwissenschaftlicher Aussagen hingegen orientiert sich an der Methodengeleitetheit ihrer Herleitung und Entstehung.

Aus dieser kurzen Skizze ist vielleicht verständlich, daß zwar Systemerbauer mit dem Akzeptanzkriterium wissenschaftlicher Methodik apologetisch arbeiten, diese aber selbst bei ihrer Arbeit weder anwenden wollen noch können.

[29] Das Gesetz hat die Form einer Implikation, wenn **A** dann **B** bzw. $\mathbf{A} \Rightarrow \mathbf{B}$, die Regel hat die Form **B per A**.

4.3.2 Systemverhalten bei Störungen

Der Glaube, daß jedes Problem über kurz oder lang eine Lösung hat, und zwar eine technische, ist tief verwurzelt und wäre eine eigene Untersuchung wert.

Die Funktionalität dieser Haltung im Zusammenhang mit dem Betreiben oder Erbauen großer technischer Systeme kann aber klar herausgearbeitet werden anhand des Begriffs der Störung und der Zuverlässigkeit von Systemen.

Störungen eines Systems werden als eine Minderung der Funktionserfüllung angesehen. Was eine Störung ist, bestimmt sich also nicht aus der genuinen Systemdynamik heraus, sondern wird vom Systembetreiber (oder Systemautor) bestimmt.[30]

Störungen als Minderung der Funktionserfüllung sind unerwünscht, wenn auch prinzipiell unvermeidlich, und deshalb bezüglich der Dauer und der Häufigkeit zu minimieren. Beides muß getrennt betrachtet werden, weil beide Minimierungsstrategien wegen des unterschiedlichen Charakters der jeweiligen statistischen Verteilungen unterschiedlich angelegt werden.[31] Störungen machen sich erst an der Oberfläche des Systems oder der Subsysteme bemerkbar, weshalb bei großer Extension und Intension von Systemen Störungen immer einen weiteren Wirkradius haben als bei kleinen Systemen.

Für das „Ausregeln" von Störungen ist in einem solchen Fall erforderlich, ein Modell des gestörten Systems zu besitzen, um durch Probehandeln (von der Simulation bis hin zum Szenario als einer „qualitativen Simulation") die Wirkung von Maßnahmen auszuloten. Ein solches Modell stellt wiederum ein System dar, dessen Beschreibung in seiner Begrifflichkeit auf die wechselseitige Abhängigkeit von Funktionalität, Intension und Störung aufgebaut ist. Dadurch ergibt sich die Einschränkung, nur innerhalb des Systemkontextes Maßnahmen ergreifen zu können, die geeignet ist, die Störung zu beseitigen, nicht aber solche, die einen Neuentwurf der Funktionalitäten des Systems selbst erlauben würden. Dies führt zu dem bekannten Sprachgebrauch, wonach Abweichungen zu bekämpfen, Störungen zu beseitigen oder auszumer-

[30] Wir lassen hier zur Vereinfachung den Fall unberücksichtigt, daß das System seine eigene Störung darstellt. Man kann an dieser Überlegung schnell erkennen, wie die Entscheidung, was man noch als Störung ansieht und was nicht, sehr stark von der Wahl der Beschreibungsbegriffe abhängt.

Man könnte auch weitergehen und behaupten, daß es ohne eine Subjekt-Objekt-Trennung gar keine Störungen mehr gibt: Das System ist sich selbst Gegenstand. Nach URSUL (1970) gibt es dann aber auch keine Information mehr.

[31] So ist die Störhäufigkeit bei Komponenten wie Maschinen für die Fertigung exponentiell über die Zeit verteilt, während die Stördauer einer Normalverteilung folgt. Die Störhäufigkeit wird durch präventive Instandhaltungsmaßnahmen zu verringern versucht, während hingegen versucht wird, die Stördauer durch Modularisierung, standardisierte Instandsetzung und Automatisierung der Diagnose zu verkürzen.

zen, Irregularitäten zu unterdrücken seien und der vorgesehene Normalbetrieb gegen Beeinträchtigungen zu verteidigen sei.

Als eine Vermutung soll deshalb hier formuliert werden:

Die vom Systemerbauer oder -betreiber festgelegte Funktionalität eines Systems hat bei großen technischen Systemen die Struktur einer „self-fulfilling prophecy“: Nachhaltige Störungen führen zum weiteren Ausbau des Systems und zur Stabilisierung der Funktionalitäten.[32]

Mit dieser Vermutung ist ein Prinzip angesprochen, das das Wachstum technisch-organisatorischer Systeme wenn nicht vorhersagen, so doch verständlich machen könnte.

4.3.3 Prävention, Multiplikation, Entkopplung

Die gängigen Behandlungen von Störungen und Dysfunktionalitäten sind Handlungsweisen am System, die von der Systemumwelt wie von den mit einem System Agierenden vorgenommen werden.

Unter Prävention sind all diejenigen Handlungsweisen zu subsumieren, die durch Design, Redesign oder gezielte Eingriffe die Stabilität des Systems erhöhen sollen, ohne daß ein aktueller Störanlaß vorliegt. Zur Prävention gehört u.a.

- der Einbau von Regelkreisen zur Stabilsierung der Dynamik, beispielsweise durch Festlegung von routinemäßigen Rückfragen,
- das Begrenzen von Störeinflüssen auf das System durch die Umwelt durch Einbau von Filter- und Selektionsfunktionen, beipielsweise begrenzte Benutzerberechtigungen,
- die Einführung von Redundanzen, konkurrierenden Subsystemen mit darüber liegenden Entscheidungsinstanzen, beispielsweise durch parallele Kommunikationswege,
- das Einstellen eines adäquaten Verhältnisses von Zentralisierung und Dezentralisierung.[33]

Eine weitere Möglichkeit, Systeme auf Funktionstreue hin zu stabilisieren, liegt in der sogenannten Multiplikation. Sie kann, wie bei der Einführung von Redundanzen, präventiv vorgenommen werden, im allgemeinen aber wird sie als intrinsische Systemeigenschaft angelegt und im Interesse des Systembetreibers als Systemgesetzlichkeit deklariert. Die Multiplikation erweitert die Funktionalität und damit bei geeigneter Systemumwelt auch die Intension des Systems durch folgende Handlungen:

---

[32] Gemeint sind hinreichend lange Wirkzeiten von Störungen, die aber schwach und kurzzeitig genug sind, um das System nicht zu zerstören oder in seiner Gesamtfunktionalität zu beeinträchtigen.

[33] Das hängt entscheidend davon ab, in welcher Phase sich das System befindet. Wächst das System, um seine Funktion überhaupt stabil halten zu können, muß es dezentralisiert werden. Systeme, die unter Druck von außen stehen, werden im allgemeinen zentralisiert.

- Die Erhöhung der Anzahl der Komponenten wird dann angestrebt, wenn damit die darüber liegende Hierarchieebene eine Funktionsstabilisierung und eine Erhöhung ihrer quantitativen Bewertung erfährt.
  Beispiel: Führungskräfte erhöhen gerne die Anzahl ihrer Mitarbeiter und Maschinen, wenn davon u.a. ihr Status direkt abhängt.
- Die Erhöhung der Anzahl der Elemente wird dann angestrebt, wenn sich dadurch der Steuerungsaufwand durch Linearisierung erniedrigen läßt.
  Beispiel: Vereinheitlichung in der Montage von Produkten wird durch Standardbauteile erreicht. Dies führt auch zur Vereinfachung der Planung.
- Die Erweiterung der Intension von Subsystemen wird in der Regel durch eine Erhöhung des Kontroll- und Steuerungsaufwands dann angestrebt, wenn der Grad der ursprünglich angestrebten Funktionserfüllung – sei es durch zunehmende Häufigkeit der Störungen oder durch eine Änderung der Systemumwelt – nicht mehr zu gewährleisten ist.
  Beispiel: Störungen bei der Energieversorgung führen zu umfangreicheren Kontrollmaßnahmen wie einer dichteren Überwachung des Netzes. Diese Überwachung, die organisiert werden muß, ermöglicht es auch, das Abnehmerverhalten genauer zu protokollieren.

Stabilisierungs- und Anpassungsversuche gehen also oftmals mit einer generellen Expansion des zu stabilisierenden Systems einher.[34]

Dies muß jedoch nicht so sein, es stellt eher eine bloße Beobachtung als eine Systemgesetzlichkeit dar. Die Möglichkeiten zur Stabilisierung reichen aber noch weiter. Es ist zwar richtig, daß bei wachsenden Systemen der Stabilisierungs- und Steuerungsaufwand im allgemeinen geringer ist als bei Systemen, die sich im Fließgleichgewicht befinden. Dafür stoßen wachsende Systeme nach endlicher Zeit an Grenzen der Systemumwelt und der eigenen, internen Stabilisierbarkeit. Dazu gehören folgende Aspekte:

1. Jede Verarbeitung von Information, Energie und Materie erzeugt dissipative, nicht beabsichtigte Nebenfunktionen,[35] die das System oder die Systemumwelt ausregeln muß (Entsorgung). Ab einer bestimmten Größe hat die Intension der Entsorgungsfunktion die Größenordnung der ursprünglichen Intension des Systems angenommen.
2. Wachstum bedeutet auch eine Vergrößerung der Distanzen zwischen den Komponenten in Hinsicht auf ihre zeitliche Erreichbarkeit. Dadurch wird das System träger und kann gegen schnell fluktuierende Störungen nicht mehr schnell genug reagieren. Als Gegenreaktion muß es ein Frühwarnsy-

[34] Hier wäre die interessante Frage angebracht, ob Systeme, wenn sie schon einmal in der Welt sind, so etwas wie ein *Recht auf Existenz* haben können. Betrachtet man Systeme als historisch gewachsene Gebilde, die Prozesse kanalisieren und Lebensvollzüge stabilisieren, dann wäre dieses *Recht* eine Verallgemeinerung des Existenzrechts, wie es Familien, Parteien, Unternehmen, staatlichen Gebilden und dergleichen unter bestimmten Voraussetzungen zugebilligt wird.

[35] Dies ist die einfache Einsicht, daß alle Prozesse „Abfall" erzeugen, auch Informationsprozesse (vgl. KROEBER-RIEDL 1991).

stem aufbauen, das jedoch nur so gut sein kann, wie die ihm zugestandene Kapazität erlaubt. Diese Kapazität wird oftmals vom Systembetreiber verweigert.

3. Bei großen technischen Systemen geht mit dem Wachstum auch eine Erhöhung der Vernetzung, der Funktionsdichten und damit auch eine Erhöhung der Komplexität einher, einschließlich der damit verbundenen Möglichkeiten zu autonomem, nicht zuverlässigem Verhalten von Subsystemen oder des Systems als Ganzem.
4. Die Systemoberfläche, die wächst, ist zunehmend äußeren Störungen unterworfen.

Um die beschriebenen Nachteile zu vermeiden, kann man die Faktoren, die ein System zum Wachstum bringen, zu entkoppeln versuchen. Dies tut man am besten dadurch, daß man die Funktionen und damit die Intension des Systems in Teilfunktionen entkoppelt und damit die Subsysteme zu miteinander interagierenden Einzelsystemen macht. Diese Möglichkeit ist jedoch mit einem hohen Steuer- und Kooperationsaufwand verbunden, der sich in größere Kommunikationsintensität zwischen den Systembetreibern niederschlägt.[36]

Daß trotz der unzweifelbaren Vorteile der Entkopplung, die bei technischen Systemen u.U. auch eine Enttechnisierung bestimmter Funktionen nach sich ziehen könnte, die Neigung zum Wachstum die Oberhand behält, ist ein kulturelles und wohl psychologisches Problem, wie wir mit Technik umzugehen pflegen. Wir werden darauf am Ende des Buches zurückkommen.

5. Gestaltung von Kommunikationssystemen

5.1 Grenzen der Kommunikation

„*The medium is the message*“ formulierte McLuhan in den 60er Jahren seine These[1] in dem Sinne, daß die Tatsache, *daß* im Fernsehen etwas gesendet wurde, *daß* ein bestimmter Politiker etwas gesagt hat, *daß* für eine Mitteilung ein bestimmtes Medium benutzt wurde, oftmals für den Gehalt des Gesagten oder die Botschaft entscheidender sei, als *was* gesagt oder *was* mitgeteilt wurde. Der kulturkritische Impetus dieser Einsicht lag in der Klage, daß nicht nur die Verpackung wichtiger als der Inhalt geworden sei, sondern daß die technisch vermittelte Kommunikation wegen der natürlichen Beschränktheit des menschlichen Rezeptionsvermögens eine Aufmerksamkeit nur noch auf dem Niveau des Stichworts oder der Schlagzeile erlaubt.

Jede technisch vermittelte Kommunikation ist als ein Prozeß anzusehen, der in einem großen technischen System abläuft; jede lokale Kommunikationsstruktur ist zwangsläufig Bestandteil einer weltweiten Kommunikationsstruktur und nur unter idealen Betrachtungsbedingungen davon abkoppelbar. Die technische Gestaltung und der innerhalb einer bestimmten Organisation stattfindende Gebrauch eines Endgerätes berücksichtigten dies, wenn auch meist implizit.

Kommunikation ist Austausch von Information. Information ist das, was verstanden wird. Verstanden wird, was genügend Erstmaligkeit und Bestätigung enthält. Kommunikation vermittelt daher aufgrund von Bestätigung,[2] was neu an der Information ist. Was Information ist, kann nur verstanden werden aufgrund ihrer Wirkung, die sie auslöst. In der Kommunikation lösen sich die nachrichtentechnischen Rollen von Sender und Empfänger auf, der Sender wird zum Empfänger, der Empfänger zum Sender. Wo dies, z.B. aufgrund technischer Gestaltung, nicht möglich ist, z.B. beim Rundfunk, kann

[1] Vgl. McLUHAN (1968, S. 89 f.) Der kanadische Ökonom Harold Iunis hat in seinem Buch „Communication and Empire“ in den 50er Jahren diese These schon vorweggenommen.

[2] Diese Begriffe sind von E.U. v. WEIZSÄCKER (1974) eingeführt worden. Unter Erstmaligkeit versteht man den Anteil der Information, der Überraschendes und völlig Neuartiges enthält, also zum erstenmal auftritt. Unter Bestätigung wird der Anteil verstanden, der sich auf bereits Bekanntes bezieht oder darauf zurückgreift.

man mit Bertolt Brecht fragen, ob das so sein muß, ob es technisch zwingend so ist oder ob die technische Gestaltung auch andere Modalitäten erlauben würde.[3]

Große technische Systeme, die immer auch eine organisatorische Hülle haben, vermitteln Kommunikation, indem sie Information zur Verfügung stellen. Herstellen, Anbieten, Weiterleiten, Transferieren, Übermitteln etc. beeinflußt die Information und vor allem ihre Interpretationsmöglichkeiten. Diese Beeinflussung geschieht primär nichttechnisch (also nicht wie im Sinne einer Signalverarbeitung oder DV), sondern durch die organisatorischen *und* technischen Eigenschaften des Systems selbst.

Hierfür seien einige Beispiel angegeben:

- Das Fernsehen zeigt live scheinbar objektive Bilder, doch die Institution Fernsehen nimmt, so wie sie verfaßt ist, eine Zensur mittelbarer oder unmittelbarer Art hin. Selbst die Deklaration dieser Tatsache ändert nichts an der Überformung der Interpretation des gesendeten Bildinhalts durch die äußeren organisatorischen Bedingungen.
- Die Tatsache, daß jemand aus dem Auto anruft, verleiht dem Anrufenden und damit dem Gespräch (noch) ein gewisses Prestige – die Interpretation des Gesagten wird damit stark beeinflußt.
- Der Streit um die Ziffernanzeige bei ISDN-Endgeräten zeigt, wie sehr die Kenntnis mancher kontingenter Bedingungen der Kommunikationsvermittlung (z.B. von wo jemand aus anruft), das zu Kommunizierende und seine Interpretation beeinflußt.
- Der Gültigkeitsanspruch, und damit die rechtliche Verbindlichkeit von Computerausdrucken (z.B. bei Behörden), wird mittlerweile akzeptiert, gerade *weil* dem Rechner und der Übermittlung durch formale Präsentation eine gewisse Fehlerfreiheit *eo ipso* zugetraut wird.

Die Liste ließe sich verlängern und macht klar, daß das, was noch mitteilbar (kommunikabel) ist, durch das Mitteilungsinstrumentarium mitbestimmt wird. Das hat eine Reihe von Konsequenzen:

Wenn eine technisch vermittelte Kommunikation einen Teilprozeß in einem großen technischen System darstellt, bestimmt die organisatorische Hülle diesen Kommunikationsprozeß mit. Umgekehrt löst jeder Kommunikationsprozeß in einem solchen System stabilisierende und destabilisierende Momente aus. Die potentielle Ubiquität von Information wie auch die Erfaßbarkeit von Telekommunikationsprozessen stellt bei jeder Kommunikation eine Quasiöffentlichkeit her, die aber, im Gegensatz zur herkömmlichen Öffentlichkeit, nichts vergißt. Dies würde, radikal betrachtet, strikt privat intendierte Mitteilungen letztlich aus der Telekommunikation ausschließen.

[3] Damals wurde die Brechtsche Forderung der Symmetrisierung der Empfänger- und Senderrolle als Hirngespinst eines Dichters belächelt, der eben keine Ahnung von der zugrundeliegenden Technik haben könne. Das soziale Potential der Informations- und Kommunikationstechnik läßt im Nachhinein die Idee von B. Brecht nicht mehr ganz so abwegig erscheinen (vgl. BRECHT 1967, S. 118–134).

Der nicht technische, sondern organisatorisch entscheidende Schritt besteht in der Digitalisierung der übertragenen Nachricht.[4]

Dies bedeutet – auch im Hinblick auf das Zusammenwirken von Rechner- und Kommunikationstechnik –, daß

- jedes übermittelte Signal durch den Betreiber des Kommunikationsinstruments (Netz, Vermittlung etc.) einer schnelleren Informationsverarbeitung zugänglich ist (Speichern, Auswerten, Manipulieren, Filtern, Codieren, Decodieren, Umrechnen etc.), und zwar all dessen, was durch rechentechnische (sprich algorithmische) Verfahren möglich ist,[5]
- das, was rechentechnisch möglich ist, aus prinzipieller Sicht nur durch das begrenzt wird, was noch formal möglich ist, und dies wird festgelegt durch das, was sich im Rahmen logischer Kalküle definieren läßt.[6]

Dies ist der Grund für die zugegebenermaßen oft mehr unter dem Eindruck von Ängsten als von Einsicht stehenden Akzeptanzdebatte bei großen Kommunikationssystemen. Der Gedanke, daß die schlechthin technische Kommunikation das noch mit ihr Kommunizierbare in Richtung auf Betreiberinteressen hin instrumentalisiere, ist eine Anwendung eines aus der Technikphilosophie und ihrer Kontroversen bekannten Arguments, wonach bei gleichen ökonomischen Bedingungen Entscheidungen über technische Weiterentwick-

---

[4] Vom technikgeschichtlichen Standpunkt wird die Digitalisierung nicht als wesentlich angesehen. So schreibt BECKER (1989 a):

> *„Überspitzt und im Rückblick auf die einhundertjährige Geschichte des Telephons bezogen heißt dies: Da sich die physikalisch-technischen Grundlagen der elektrischen Signalübertragung und -vermittlung in diesem Zeitraum qualitativ nicht verändert haben, bleibt das Telephon ein Telephon, ist Telephonieren aber nicht mehr das gleiche wie Telephonieren.“* (S. 15),

und er fügt in einer Fußnote hinzu

> *„Ein solcher qualitativer Wechsel ist auch nicht bei der gegenwärtigen Umstellung der Fernmeldetechnik von analoger zu digitaler Signalübertragung gegeben. Die bis vor kurzem übliche analoge Signalübertragung des Telephons ist technikgeschichtlich als eine Ausnahme zu betrachten, da die Signalübertragung per Rauchzeichen oder Telegraphie schon immer digital waren. Die gegenwärtig so beliebten Essays über die „digitale Revolution“ sind daher völlig irreführend.“* (S. 29).

[5] Es sei zugestanden, daß auch analoge Signale gespeichert, verarbeitet und letztlich ebenfalls digitalisiert werden können (entsprechend dem Nyquist-Theorem (NYQUIST 1924)). Der qualitative Sprung liegt jedoch in der enorm schnell und parallel organisierbaren Verfügbarkeit, die bei der analogen Signalverarbeitung so nicht möglich ist. Daneben ist zu bemerken, daß die Digitalisierung nicht nur das Signal-Rausch-Verhältnis bei der Transmission, sondern auch bei der Verarbeitung enorm verbessert (vgl. NEUMANN 1967).

[6] Das gilt nur, wenn man die praktischen Rechengrenzen und technische Grenzen nicht berücksichtigt.

lungen immer in der Richtung gefällt würden, die dem Betreiber der Technik eine bessere Kontrolle über den Benutzer erlaubten.[7]

Zur Illustration des Gesagten einige kurze Beispiele:

- So dürfen im Amateurfunk keine politischen oder geschäftlichen Inhalte diskutiert werden.
- So sehen viele, nicht nur einige amerikanische Fernsehmacher die Spielfilm- und Serienproduktion als ein Mittel an, sich ein für die Produkte, für die in diesen Filmen geworben wird, geeignetes Publikum zu schaffen. Bestimmte, der Botschaft des Produkts widersprechende Inhalte können dann nicht mehr vermittelt werden. Dies gilt auch für die oft praktizierte Form des *product placement.*
- Öffentliche Medien transportieren Inhalte, die für Werbekunden und öffentliche Wertevorstellungen verträglich sind.
- Man kann sich die technische Machbarkeit vorstellen, wonach bei Computern mit Kopierschutz versehene Daten oder Programme nicht mehr über Netze vermittelt werden können. Fachleute bemühen sich um einen automatisierbaren Kopierschutz, der die Transmission gestohlener Information durch ein Netz unmöglich machen würde.[8]

Aus dem bisher Gesagten folgt, daß für die Gestaltung von Kommunikationstechnik solche Zusammenhänge zunehmend wichtiger werden. Berücksichtigt man, in welche Systemgesetzlichkeiten technischer *und* organisatorischer Art Kommunikations- und Rechnerleistungen und deren Konsumption eingebunden sind, so muß dies zu Überlegungen führen, wie nicht nur Kommunikationstechnik, sondern, für sie und mit ihr, große technische Systeme gestaltet und kontrolliert werden können.

5.2 Gestaltung und Kontrolle großer Systeme

Ob man große technische Systeme befürwortet oder ablehnt, ist angesichts der bestehenden großen technischen Systeme eine mehr akademische Frage. Die Funktionalitäten, die große Systeme realisieren können, sind nicht losgelöst davon zu sehen, was man ordnungspolitisch, sozial und individualpsychologisch für erstrebenswert hält. Zu fragen wäre deshalb, ob diese Funktionalitäten überhaupt gewünscht sind oder andere, die eben anderen ordnungspolitischen Vorstellungen entsprechen. Hier ist die Diskussion gelegentlich recht diffus, weil einerseits die Wünschbarkeit an das jetzt Machbare

[7] Dieses Argument findet sich empirisch unterlegt für den Bereich der CNC-Technologie (Computer Numerical Control, d.h. daß bei einer Bearbeitungsmaschine von einem Rechenprogramm die Zahlenwerte erzeugt werden, die die Bewegungen der Maschine steuern) bei NOBLE (1981).

[8] Mit etwas Phantasie kann man sich die sozialen Kontrollmöglichkeiten, die ein solcher Weitergabeschutz *auch* ermöglichen würde, ausmalen.

geknüpft wird und damit die Utopie ihren fermentartigen Charakter verliert, andererseits Wünsche eher aus einer Betroffenheit negativ als das, was auf jeden Fall nicht gewünscht wird, ihren Ausdruck finden. Da Betroffenheit aber klares Denken nicht ersetzen sollte, ist eine Zielbestimmung vorrangig.

Diese technologiepolitische Diskussion soll hier nicht weiter vertieft werden, auch wenn sie dringend notwendig wäre.

Unter der Annahme, daß hier schon ein wenig Klarheit geschaffen sei, seien die folgenden Ausführungen zu verstehen.

Die Planung großer technischer Systeme setzt immer auf bereits existierenden Systemen auf, da es immer bereits ein System oder mehrere Systeme geben wird, die umzugestalten, zu erneuern sind oder von deren Funktionalität ausgegangen werden muß. Deshalb beginnt die Planung immer mit einer Systemanalyse eines vorhandenen Systems. Dies gilt zumindest, locker gesprochen, auf der Sachberarbeiterebene. Ob industrielle Prozesse überhaupt geplant werden oder planbar sind, ist eine Frage, die hier dahingestellt sein soll.

Der Entwurf (das grobe Design) geht planungspsychologisch der Analyse des neuen Systems voraus, da er die technologiepolitische oder ordnungspolitische Willensbildung zum erstenmal instrumentalisiert enthält. Damit ist bereits der Grundkonflikt zwischen der durch die Analyse gesteuerten Entwicklung des großen technischen Systems (einschl. Aufbau und Strukturierung der organisatorischen Hülle) und der politisch gewollten Ausgestaltung angelegt. Die Diskussion um das ISDN[9] ist hierfür ein schönes Beispiel.

Die Planung geht in der Regel nach den Prinzipien der Systemtechnik selbst vor und orientiert sich daher an der Überlegung, wie Vorgaben mittels technischer Machbarkeiten umzusetzen sind. Die Bestimmung dessen, was als technisch machbar erscheint und als beherrschbar gilt, was bei alternativen Möglichkeiten vorgezogen wird und was als Sachzwang deklariert wird, hängt nicht zuletzt von den politischen Vorgaben ab, die im allgemeinen mit einer Auftragsvergabe gekoppelt sind.

Die Entwicklung eines großen technischen Systems, worunter der Aufbau, das Redesign, die Einschwingphase, die Modifikationen und der Probebetrieb zu verstehen wären, schließt, wenn man den Begriff weiter faßt, die Systemgeschichte mit ein, also auch seinen Normalbetrieb. Gerade der Normalbetrieb ist keine stabile Phase, in der das System ungeändert bleibt, sondern es finden laufend Instandsetzungen, Modifikationen, Störungen, Erweiterungen, Entkopplungen und dergleichen statt.

Daraus resultiert, daß aus dieser permanenten Entwicklung des Systems eine permanente Planung, Kontrolle und Risikoanalyse stattfinden muß. Diese Permanenz wird aber selten geleistet.

Daraus folgt weiter, daß eine permanente Verbesserungs-, Kontroll- und Neuplanungsinstitution die Entwicklung solcher Systeme begleiten muß und ihre Notwendigkeit kein ordnungspolitisches Streitthema mehr sein dürfte.

[9] Integrated Services Digital Network (ISDN).

Die Diskussion um die Institutionalisierung der Technikbewertung zeigt, daß man hiervon noch weit entfernt ist.

Die Planung und Neuplanung, das Design, die permanente Risikoanalyse, aber auch die Begleitung der Entwicklung solcher Systeme verlangt ein generelles Wissen über Systeme und über die organisatorische Einbettung von Technik überhaupt, sie verlangt das Wissen, das für Entscheidungen über Instandsetzung bis hin zur Neukonfiguration oder Ersetzung notwendig ist, und sie verlangt die Entscheidung selbst.

5.3 Gestaltung braucht Wissen

Die Notwendigkeit, dieses angedeutete Wissen explizit in die Gestaltung von Informations- und Kommunikationssystemen einzubringen und umzusetzen, führt auch zur Notwendigkeit einer Technikbewertung, einer Erforschung der Folgen und einer Diskussion der Gestaltungsmöglichkeiten auf diesem Gebiet.

Hierunter wäre nicht zu verstehen, daß erst *post festum* eine bereits gefällte Entscheidung für eine Technikentwicklung oder den weiteren Ausbau einer Techniklinie plakativ kritisiert wird, sondern daß im Sinne einer konstruktiven Technikfolgenabschätzung[10] eine kreative Bewältigung möglicher Technikfolgen möglichst früh in die System- und Technikgestaltung eingeht.

Dazu ist es erforderlich, zunächst die aktuelle Diskussion um die Informations- und Kommunikationstechnik grob nachzuzeichnen. Dabei wäre zu fragen, wie man die Weiterentwicklung solcher großen technischen Systeme, wie sie durch die Kommunikationstechnik möglich werden, durch das Studium der Weiterentwicklung von Entwicklungslinien einzelner Teiltechniken besser verstehen kann. Zu fragen wäre auch, wie man die entscheidenden Themen, auch im Sinne einer technologiepolitischen Perspektive zur Gestaltung solcher Systeme, herausfinden kann.

Aus der Notwendigkeit heraus, die Entwicklung der Informations- und Kommunikationstechnik, ihre Auswirkungen und die Faktoren, die sie beeinflussen, besser einschätzen zu können, erscheint es als nützlich, sich einzelne Techniklinien in diesem Bereich näher anzusehen.

Dabei kann es in dem vorliegenden Buch nicht darum gehen, eine ausführliche Technikfolgenabschätzung (sofern diese jemals vollständig sein kann) durchzuführen, sondern es sollen einige Überlegungen systematisch zusammengetragen werden, die Hinweise auf wichtige Fragestellungen geben können. Diese Hinweise sind – so ist zu hoffen – dann auch von Interesse in technologiepolitischer Hinsicht und hinsichtlich der Förderung weiterer Untersuchungen auf diesem Gebiet. Damit thematisieren diese Hinweise aber gerade die Rahmenbedingungen für Gestaltungsprozesse menschengerechter Informations- und Kommunikationssysteme. Diese Hinweise verweisen deshalb auch auf die systemische Orientierung solcher Gestaltungsprozesse.

---

[10] Vgl. BOXSEL (1991).

Entsprechend der in Abschnitt 3.2.1 angegebenen Kriterien für eine Auswahl von Techniken werden in den Kapiteln 6 bis 9 einige Techniklinien der Informations- und Kommunikationstechnik näher diskutiert. Dabei wird auch nach der Weiterentwicklung

- der herkömmlichen DV,
- der digitalen Kommunikationstechnik (von der Computervernetzung bis zum Mobilfunk),
- der parallelen Rechnerarchitekturen mit Blick auf das Anwendungsspektrum,
- der Rechnertechnik, die neuronal Strukturen abbildet, und der zugehörigen Programmiertechnik und
- der Softwaretechnologie

gefragt. Dabei können die einzelnen Techniklinien in etwa nach folgendem Schema behandelt werden:

- Definition der Techniken und der zugehörigen Teiltechniken,
- Entwicklung seit 1984,
- mögliche Entwicklungspfade, oder Grundzüge und Aspekte der vermuteten Entwicklungen,
- Faktoren, die das Problemfeld und die dazu gehörenden Technikentwicklungen möglicherweise beeinflussen,
- Auswirkungsfelder, auf die sich diese Entwicklungen bemerkbar machen können, sowie
- eine Aussage darüber, ob zum gegenwärtigen Zeitpunkt ein Forschungsbedarf hinsichtlich der Technikfolgen besteht.

Es wird nicht möglich sein, alle diese Themenstellungen für alle aufgeführten Techniklinien mit gleicher Gewichtigkeit auszufüllen. Vollständigkeit ist weder möglich noch angestrebt worden. Hier wird es Aufgabe künftiger Projekte zur Technikfolgenabschätzung sein, die genannten Techniklinien ausführlich zu untersuchen[11].

---

[11] Vgl. KORNWACHS et al. (1990). Am Fraunhofer-Institut für Arbeitswirtschaft und Organisation wurde zur Erstellung eines Gutachtens zu diesen Fragen, das vom Bundesministerium für Forschung und Technologie in Auftrag gegeben wurde, eine interdisziplinäre Arbeitsgruppe gebildet. Ihr gehörten an (in alphabetischer Reihenfolge): Walter Ganz, M.A. (Soziologie, Psychologie), Dr.-Ing. Gerhard Rigoll (Informatik), Dipl.-Math. Manfred Scheifele (Informationssysteme). Der erweiterten Arbeitsgruppe gehörten ferner an: Dipl.-Ing. Karl-Heinz Klode (Berufspädagogik), Dipl.-Ing. Hans-Peter Fröschle (Kommunikationssysteme), Dipl.-Ing. Georg Wasserloos (CAD-CAM), Dr.-Ing. Herbert Näke (Arbeitspsychologie), seinerzeit Gastwissenschaftler von der TU Dresden, Sektion Arbeitswissenschaft.

Der Verfasser möchte dieser Arbeitsgruppe an dieser Stelle seinen Dank für die Zusammenarbeit aussprechen.

6. Weiterentwicklungstendenzen der herkömmlichen DV

6.1 Der Computer als Werkzeug

Der Computer wird zunehmend als Werkzeug angesehen. Wir halten diese Sicht für weitgehend konsensfähig. Sie wird ergänzt durch die Einsicht, daß der Einsatz des Computers den Bereich, in dem er eingesetzt wird (Arbeitswelt, Freizeit, Eigenarbeit etc.) strukturellen Veränderungen aussetzt. Wir beginnen jedoch mit der erstgenannten Sicht.

Die Künstliche Intelligenz (über die Sinnfälligkeit dieser nunmehr eingebürgerten Wortwahl soll nicht noch einmal diskutiert werden) zeigt nach Ansicht vieler Fachleute ihre Stärke bei einfachen Schulbeispielen, und solange die Anwendungsfälle vergleichsweise einfach sind, bietet die KI ebenfalls nützliche Werkzeuge (vgl. SPRUTH 1990). Bei komplexeren Problemen versagt nicht nur die herkömmliche DV, sondern auch die KI, sofern sie definiert ist als die Anwendung bestimmter Programmiertechniken und Sprachen. An der durch die Turing-Maschine definierten Grenze der Berechenbarkeit und an der Komplexität von Problemen (exponentielle Probleme und sog. NP-vollständige Probleme) ändert die Künstliche Intelligenz (KI) nichts.

Fachleute erwarten auf diesem Gebiet in absehbarer Zeit keine völlig überraschend neue Entwicklung. Ausgenommen hiervon sind Arbeiten, die eine Verbindung zwischen der Künstlichen Intelligenz und Neuronalen Netzen anstreben (so z.B. beim IBM Forschungslabor in Yorktown Heights nach SPRUTH 1990).

Jetzt schon zeigt aber die DV-Entwicklung ein groteskes Mißverhältnis zwischen den Möglichkeiten der Speicherung (24 Brockhausbände auf einem Chip, vgl. auch SPRUTH 1989) und der Einsichtsfähigkeit in die Komplexität von Problemen (vgl. RADER 1990). Man muß also neues Wissen generieren, um mit der Fülle des Wissens umgehen zu können. Dies kann zu zusätzlichen Hemmnissen führen (vgl. ebd.).

Mit dem Aufkommen neuer Programmiersprachen ist es möglich geworden, Daten und Beziehungen zwischen diesen Daten so zu repräsentieren, daß sie als Darstellung von Sachverhalten interpretiert werden können. Diese Beziehungen sind durch die an der formalen Logik orientierten Sprachen wie LISP, PROLOG und deren Varianten leicht formalisierbar und der Verarbeitung zugänglich. Die Künstliche Intelligenz ist somit primär durch solche Sprachen, die Wissensrepräsentation und -verarbeitung erlauben, erst möglich geworden.

Die Entwicklung der herkömmlichen DV, aber auch der KI, ist durch die Methoden der Softwareerstellung bestimmt und durch die Möglichkeit, sogenannte Tools, also Entwicklerwerkzeuge und Softwareumgebungen, bei der Systementwicklung zu nutzen.

Der Trend geht überwiegend weg vom zentralen Großrechner hin zu verteilten Systemen, die wiederum ein funktionierendes Netzkonzept voraussetzen. Alle weiteren Überlegungen können sich nicht allein auf den Werkzeugcharakter des Computers beziehen, sondern müssen sein Potential für organisatorische und strukturelle Änderungen mit berücksichtigen.

6.2 Aspekte der vermuteten Entwicklung

Die Ermittlung von Entwicklungspfaden für mögliche künftige Ausprägungen der DV-Technologie ist sehr schwierig und im gegenwärtigen Stadium vermutlich noch gar nicht möglich. Aufgabe einer Technikfolgenabschätzung wäre es, Teilaspekte intensiver zu verfolgen. Im folgenden seien daher nur kursorisch einige Aspekte der vermuteten Entwicklung genannt.

Am ehesten sind noch die Aspekte des Mißbrauch von Rechnern zu nennen: DV als Instrument der Kriminalität ist im Bereich der Wirtschaftskriminalität, des Automatenbetrugs und der nachrichtendienstlichen Beschaffung von Information bereits bekannt. Eine weitere Variante der Kriminalität ist bei zunehmendem DV-Einsatz in der Privatsphäre oder im Haushalt bei Betrug, Erschleichung ungerechtfertigter Leistungen, Erpressung und Nötigung zu erwarten.

In der Grundausbildung, der betrieblichen Ausbildung, der beruflichen und paraberufichen Weiterbildung sind weitergehende Einsätze der DV denkbar, und zwar mit personenersetzender und institutionenersetzender Auswirkung (Fernausbildung, medial unterstützte Ausbildung, neue Lehr- und Lerntechnologien und -methodiken).

Zu erwarten sein könnte die Ersetzung von Büchern, Bibliotheken, Buchhandel und -produktion durch ubiquitär herstellbare Ausdrucke, die mittels öffentlicher Datenbanken zugänglich sind. Der Zugriff würde ein bestimmtes Maß an Benutzererfahrungen (wie heute bei großen Bibliotheken schon üblich) erfordern. Gegen diese Erwartung stehen aber die vermuteten Kosten und die Erfahrung, daß es gerade bei Büchern ein erhebliches Beharrungsvermögen der Benutzer geben wird.

In der Kultur könnten Umbrüche erwartet werden – insbesondere ist hier die immer wieder angesprochene Substitution des Personen- und Gütertransports durch Informationstransport zu nennen. Diese Perspektive ist jedoch nach wie vor umstritten.

In der Diskussions- und Streitkultur könnte der Rechner in bestimmten Bereichen dazu verwendet werden, Kompromisse zu finden und Diskussionen transparenter zu gestalten, indem den Teilnehmern die Konsequenzmenge ihrer Argumente vorgeführt wird. Erste Ansätze gab es schon in den 70er Jahren mit dem sogenannten Interpretive Structural Modelling, das mittlerweile verfeinert und erweitert wurde.[1] Der Computer als Moderator (Mediator-System) wird beispielsweise in der Arbeitsgruppe für Decision-Conferencing in der London School of Economics angewendet und auf seine Einsatzmöglichkeiten hin untersucht.

Die dezentrale Verfügbarkeit isolierter oder ins Netz eingebundener Rechnerleistungen (PC) läßt das Thema des Heimarbeitsplatzes wieder aktuell werden. Es ist zu erwarten, daß bestimmte Arbeiten zu Hause am rechnergestützten Arbeitsplatz (z.B. Konstruieren) durchgeführt werden können, sofern die Rechnerunterstützung sich auch auf die notwendigen Funktionen bezieht (z.B. Expertensysteme, Datenbanken).

Die begriffliche Grenze (nicht die arbeitsrechtliche) zwischen freier Arbeit (Eigenarbeit) und betrieblich gebundener Arbeit kann durch solche Einsätze unscharf werden.

Ubiquitär vorhandene Rechnerleistung kann aber auch als Mittel zur Animation, als Spielzeug, als Drogenersatz (Scheinwelten), als Statussymbol, als Kommunikationsinstrument und vieles mehr eingesetzt werden.

In der industriellen Anwendung ist zu erwarten, daß die allgemeine DV wie auch die intelligenten Entwicklungswerkzeuge als Flexibilisierungsinstrument für Arbeitsabläufe und Strukturen eingesetzt werden. DV wird zum Handwerkszeug des Facharbeiters, der PC mit CD-Lesegerät oder Netzanschluß wird auch zur Quelle der fachgebundenen Belehrung am Arbeitsplatz selbst. Die Qualifikationsgrenzen werden durchlässiger, alte Berufsbilder, die noch ständisch orientiert sind, verschwinden und machen neuen, mehr prozeßorientierten Tätigkeitsbildern Platz, deren zeitliche Begrenzung jedermann klar ist.

Im Bereich der Produktionstechnik wird vor allem die billige und schnelle Rechnerleistung zu zunehmendem Einsatz der Simulation sowie der direkten Steuerung führen.

Die rechnerintegrierte Fabrik setzt jedoch vor ihrer rechentechnischen Realisierung ein organisatorisches und ein strategisches Konzept voraus. Diese noch offenkundigen Defizite haben vergleichsweise wenig mit den künftigen Entwicklungen der DV in rein technischer Hinsicht zu tun und müssen auf der strategisch-begrifflichen, theoretischen und organisatorischen Ebene behoben werden.

Als Zukunftsprojektion wird gelegentlich das selbstregulierende Fabrikmanagement (im Sinne einer sich selbst steuernden Produktion) genannt (vgl. RADERMACHER 1990).

Die Entwicklung der DV und der Künstlichen Intelligenz läßt auch eine zunehmende Unterstützung Behinderter durch Rechner erwarten. Bei der zu erwartenden steigenden Anzahl von Behinderungen (auch durch die demogra-

[1] Vgl. WARFIELD (1976); KORNWACHS, GEUDER, SCHWEIZER (1986).

phische Entwicklung) wird versucht werden, den Betreuungsaufwand durch Rechnereinsatz kostengünstiger zu gestalten. Die menschlichen Dimensionen dieses Einsatzes müssen jedoch sehr sorgfältig diskutiert werden – man denke hier an die Vorstellung eines Roboters zur Altenbetreuung, wie sie z.B. FEIGENBAUM, McCORDUCK (1984) propagieren.

DV ist von ihrer Anlage her ein klassisches Kontrollinstrument. Die Ausübung von Kontrolle ist oft an die Übernahme von Verantwortlichkeiten gebunden. Es liegt nahe, auch Verantwortungen an die Maschine zu delegieren, vor allem, wenn es sich um scheinbar routinemäßige Aufgaben handelt. In diesem Falle wäre von Seiten der Wirtschaftsethik zu untersuchen, ob nicht Umstände bestehen können, die eine ungewollte Delegation von Verantwortung an den Rechner herbeiführen, ohne daß dies den Beteiligten (Betreiber, Anwender und Betroffene) bewußt sein muß.

Expertensysteme werden als momentan in der Krise befindlich angesehen – sie werden sich vermutlich nicht zu dem entwickeln, was einmal von ihnen erwartet wurde. Es wird jedoch so etwas wie Entscheidungsautomaten geben, die zwar keine Expertensysteme sind, die aber die gleichen negativen Auswirkungen haben könnten, die man von den Expertensystemen erwartet (vgl. VOLPERT 1990). Man könnte sich aber auch eine Entwicklung vorstellen, die die Technik der Expertensysteme nutzt, um besonders komfortabel zugängliche Datenbanken zu bauen.

Expertensysteme in der Medizin werden gelegentlich analog denen in den Rechtswissenschaften angesehen – sie liefern Nachschlagwissen auf elegante Weise, veralten genauso wie Handbücher und sind genauso zuverlässig oder unzuverlässig. Sie entbinden nicht von der Verantwortung für eine Entscheidung, die aus so gewonnenen Kenntnissen heraus getroffen wurde. Sie können allerdings auch, ebenfalls wie ein Buch, nichtorthodoxes oder sog. alternatives Wissen zugänglich machen (vgl. FLOYD 1987 a, b, 1990; FLOYD et al. 1989).

Expertensysteme werden – außer in der Produktion – eingesetzt in fast allen Bereichen der gehobenen Dienstleistung. Beispiele sind Banken, Versicherungen, Rechtsanwaltskanzleien und größere Arztpraxen. Hier liegt ihre Stärke. Dabei kann man fragen, inwiefern Werte explizit in die Wissensbasis mit eingehen können – Werte moralischer Art wie Gerechtigkeit, die Beziehung zwischen dem Heilenden und dem Problemlöser in der Medizin, dem Strafenden und dem Helfenden in der Rechtspflege.

Die Frage, ob Laien Expertensysteme bedienen können oder sollen, ist nach FLOYD (1987 a, b, 1990; FLOYD et al. 1989) analog zur Frage zu sehen, ob Laien Fachliteratur auswerten können – teils können sie es, teils nicht, es wird dies immer eine spartenbezogene Beratungstechnik bleiben. Hinsichtlich der Frage, inwiefern solche Auskunftssysteme Laien zugänglich sind oder zugänglich gemacht werden sollen, scheint es dabei mehr um das Rollenverständnis, um das ständische Verständnis von Berufsbildern und um die Erwartung der Gesellschaft an einen Stand zu gehen.

Militärische Funktionen sind heute ohne DV nicht mehr zu realisieren. Militärische Anwendungen der DV können jedoch schlecht prognostiziert werden. Aus der Natur der Sache ist anzunehmen, daß DV generell im militärischen Bereich eher zentralistisch organisiert sein wird.

Zur Organisation militärischer Einsätze ist in der Vergangenheit DV in entscheidungsersetzender Weise eingesetzt worden. Es ist keine DV-Entwicklung bekannt, die diese generelle Neigung ausschließen könnte. Die Erkenntnis, daß es sich bei vielen eingesetzten DV-Systemen beim Militär um nicht mehr wartbare, aber auch nicht stillzulegende Systeme handelt, hat dazu geführt und wird weiter dazu führen, entsprechende By-pass-Systeme zu entwickeln, die um die alten Systeme herum gebaut werden.[2]

Das militärische Interesse an der Forschungsförderung der zivilen Informationstechnik wird vielfach überschätzt. Militärische Entwicklungen sind in der Regel hochprätentiöse Einzelfertigungen, deren Mitnutzen in anderen Bereichen selten angestrebt oder erreicht wird. Diese Entwicklungen selbst werden in der Regel von den Verteidigungsbudgets finanziert. Von daher ist auch der zu erwartende Spin-off solcher Forschung oft überschätzt worden. Das Verhältnis der japanischen Budgets für zivile Forschung und für militärische Forschung zeigt, daß auch sehr ehrgeizige Nationen diesem Spin-off-Effekt so gut wie keine Wirkung zutrauen.

6.3 Faktoren der Entwicklung

Die Entwicklung der DV wird hauptsächlich aus der DV selbst angestoßen, die DV entwickelt auch häufig selbst neue Anwendungsfelder. Das Verwertungsinteresse von DV-Technologie liegt natürlich explizit auf der Herstellerseite, möglichst breite Anwendungsfelder zu erschließen.

Weitere Faktoren liegen besonders bei der KI-Anwendung darin, daß es durch den erheblichen Qualifizierungsbedarf einen enormen Rationalisierungsdruck im Ausbildungwesen gibt, den man durch Einsatz computerunterstützter Trainings- und Lehrmethoden abzubauen hofft. In der Bundesrepublik existiert im Augenblick ein Markt an computerbasierten Lernhilfen von über 1 Milliarde DM (vgl. GUNZENHÄUSER 1990).

Neben den Lehr- und Lernhilfen wird, um Qualifizierungsdefizite abzubauen, weiterhin versucht, mittels intelligenter Werkzeuge und Rechnerleistungen die Qualifikation von An- oder Ungelernten anzuheben. Dies geschieht in der Hoffnung, daß durch ein Zusammenspielen der Wissenbasis

[2] Als Beispiel wird von Informatikern immer wieder das Softwaresystem der NATO-Flugidentifizierung NORAD erwähnt, das wegen der als permanent angesehenen Bedrohung und der deshalb notwendigen Bereitschaft weder sinnvoll gewartet, abgeschaltet noch durch ein anderes System ersetzt werden könne und deshalb immer unzuverlässiger würde (vgl. BICKENBACH et al. 1983; BRENNAN, HOLST 1967; ARKIN, FIELDHOUSE 1984).

des Rechners und des Menschen mit einer bestimmten Basisqualifikation die erforderliche Qualifikation für eine bestimmte Aufgabe herstellbar sei.

Diese Auffassung hat sich als eine treibende Kraft bei dieser Entwicklung gezeigt und wird es auch noch eine gewisse Zeit bleiben.

Einige weitere, mehr psychologische Faktoren werden von VOLPERT (1990) genannt:

- Rückmeldungen aus der Industrie – sowohl positive als auch negative bezüglich der Anwendungen der Produkte, die ja eher Systemlösungen darstellen,
- der sorgsam präparierte Glaube an die Potenz der angebotenen Lösung, auch wenn sie erst auf dem Hochglanzpapier eines Prospekts steht (Ankündigungsbranche),
- die schon sehr alte Vorstellung, eine transparente Fabrik haben zu wollen[3], sowie
- die öffentliche Diskussion, die durch Kritik z.B. an der KI-Entwicklung zu einer größeren Flexibilisierung und zur Rücknahme überzogener Ansprüche geführt hat.[4]

Die politischen Umbrüche in Osteuropa (hingewiesen wird auf einfache örtlich beschränkte Techniken) könnten Auslöser für eine bestimmte Trendwende bei den DV-Technologielinien sein. Die Anpassung an bestehende, jedoch z.T. anpassungsbedürftige Technologien der östlichen Länder (vor allem für die Produktion) dürfte neue und andere Anwendungfelder für DV und intelligenzbasierte Unterstützungen erschließen.

6.4 Auswirkungsfelder

Bei der allgemeinen DV-Entwicklung und der KI kann man folgende Auswirkungsfelder abstecken:

- Schutz des Individuums vor dem Einsatz von DV zum Ersatz von Intelligenz, Entscheidung und Zuwendung
  Intelligenzersetzender Einsatz bedeutet die Übernahme von Tätigkeiten, die jenseits der Routine als dem Menschen eigentümlich und als genuin kreativ angesehen werden. In zunehmenden Maße werden solche Aufgaben von Rechnern gelöst (vom Schachspielen über das Komponieren bis hin zu organisatorischen, konstruktiven und gestalterischen Aufgaben). Die Frage besteht, ob es, unabhängig von der Realisierung bestimmter Problemlösungspotentiale durch den Computer, eine durch Konsens festgelegte Grenze dessen geben soll, was nicht mehr an eine Maschine delegiert werden soll. Dabei bleibt zu hoffen, daß es gelingt, diese Grenze zum Thema eines ständigen Diskurses zu machen.

---

[3] Vgl. FREY (1987); HAGEMANN et al. (1989); SACHSE (1988); SEETZEN et al. (1988); WEDEKIND (1988).

[4] Vgl. z.B. FLORES, WINOGRAD (1986); DREYFUS, DREYFUS (1985, 1987).

Ähnliches gilt für die entscheidungsersetzende Anwendung. Besonders bei wissensbasierten Systemen ist die Empfehlung ausgesprochen worden, solche Anwendungen zu vermeiden (vgl. BULLINGER, KORNWACHS 1990; LUTZ, MOHLDASCHL 1989). Die damit verbundenen Probleme der Verantwortbarkeit, der Produzentenhaftung und des Verursacherprinzips sind nicht mehr beherrschbar.
Unter zuwendungsersetzendem Einsatz versteht man das Konzept, Roboter für die Routinebetreuung von alten oder gebrechlichen Menschen einzusetzen. „Roboter, die zuhören können ..." wurde im Rahmen der KI-Debatte als Schlagwort eingebracht (vgl. MINSKI 1988). Dieser Einsatz wird für ethisch bedenklich gehalten, vielleicht gerade deshalb, weil er als machbar angekündigt wurde.

- Strukturelle Änderungen des Schreib-, Distributions- und Rezeptionsverhaltens von fachlicher und ästhetischer Information sowie Gebrauchsinformation (einschl. Unterhaltung)
  Die Fähigkeit des Computers, zu sprechen und zu schreiben, macht jedoch die Arbeit eines Sachbearbeiters offenkundig nicht überflüssig, sondern lediglich effektiver. Sie hebt die Arbeitsplätze in diesem Bereich nicht auf, sondern individualisiert die Betreuungsmöglichkeiten und unterstützt die Individualisierung des angebotenen Produkts gerade im Dienstleistungsbereich. Der Beruf der ausschließlichen Schreibkraft allerdings wird verschwinden. Dies wird von einigen Fachleuten als eine positive Entwicklung angesehen, da stures Herunterschreiben fremder Texte als entfremdete Arbeit angesehen werden kann (vgl. RADERMACHER 1990).
- Erhebliche Zunahme der Kontrollmöglichkeiten, auch gegenüber den Konsumenten
  Das Syndrom des Kontrolliertwerdens nimmt nach VOLPERT (1990) mit einer Anzahl von Anwendungen in Industrie, Medizin, Banken, Post und Konsum an Bedeutung zu und erzeugt die vorbeugende Anpassung oder den imitativen Gehorsam. Auch scheinen die computerunterstützen Persönlichkeitstests wieder zuzunehmen.
- Änderung der Arbeitsteiligkeit
  Es wird eine Erosion und Gefährdung der jetzigen Facharbeiterqualifikation durch den kombinierten Einsatz von CIM, wissensbasierter Systeme und Roboter gesehen. Die Geräte werden für diese Qualifikationsstufe zu kompliziert (vgl. VOLPERT 1990). Wissensbasierte Systeme bedrohen darüber hinaus nach Ansicht vieler Fachleute die soziale und arbeitsrechtliche Stellung der Experten und damit das bereits vorhandene Expertenwissen.
- CIM, Produktionstechniken und Dezentralisieren von Fabrikanlagen
  Das Verhältnis zwischen Zulieferer und Abnehmerfirmen könnte durch eine CIM-Gestaltung, die die Firmengrenzen überschreitet, zu einer Erhöhung der Abhängigkeit bis hinein in die Gestaltung der Arbeitsinhalte

und -organisation (insbesondere bei einer Just-in-Time-Produktionsweise) führen.[5]

- Änderung des Bildungssystems und Bildungsverhaltens
  Die Verbesserung der berufichen Bildung und der berufichen Weiterbildung wird als unerläßlich angesehen (vgl. VOLPERT 1990). Es wird für die Betonung des Erfahrungswissens eingetreten, das auch bei computerunterstütztem Arbeiten seinen Stellenwert nicht verliert.
  Die Forderung nach einer qualifizierungsfreundlichen Technologie (erfahrungsorientiertes Lernen beim Arbeiten) wird in diesem Zusammenhang nicht nur von den Bildungspolitikern, sondern auch von den Computerherstellern selbst eingebracht.
- Medial vermittelte Bildung
  Das Aufkommen der Medien innerhalb der Aus- und Weiterbildung hat ursprünglich zu einer neuen Disziplin geführt, der sog. Medienpädagogik. Dabei ging es nicht nur um den rechten Umgang mit Film und Fernsehen als Erziehung zum (vernünftigen) Konsumenten, sondern vor allem um den inhaltsgerechten Einsatz von medial orientierter Lern- und Lehrtechnologie.
  Das Grundproblem der medialen Bildung liegt heute in
  - der Notwendigkeit des lebenslangen Lernens in allen Berufssparten und Branchen,
  - der Schwierigkeiten des Aneignungsprozesses neuer Inhalte und Weiterentwicklungen gerade in hochtechnisierten Berufen (sog. Nostrifizierungsprozeß, vgl. FLIEDNER 1990),
  - der begrenzten Vermittelbarkeit von nicht-technischen Inhalten durch Computer, Lehrprogramme oder computer-gesteuerte Multi-Media-Technologie.

Experten trauen dieser Lehr- und Lerntechnologie nicht oder nur sehr eingeschränkt zu, bei dem rezeptiv aufgenommenen Stoff auch eine Identifikationsleistung, einen affektiven Gehalt und Wertungen emotionaler und individueller Art zu vermitteln oder anzustoßen.
Die Weiterentwicklung der medial vermittelten Lern- und Lehrtechnologie ist bislang noch vergleichsweise wenig KI-basiert. Eine Zunahme dieser Richtung wird diese Technologie billiger und schneller machen, und die Versuchung wird ansteigen, mit Hilfe dieser Technologie umfangreichere Qualifizierungsmaßnahmen zu ersetzen oder bildungspolitische Konzepte zugunsten des billigeren Einsatzes ganz zu dispensieren.
Als Folgen werden eine zunehmende Partikularisierung von Lerninhalten, eine frühzeitige Abstrahierung des Stoffes, eine zu frühe Spezialisierung und dadurch eine gewisse Kommunikationsunfähigkeit angesehen.

[5] Zum Problem der Mitbestimmung bei der neu festzulegenden organisatorisch-technischen Grenzziehung zwischen Zulieferbetrieb und Konzern vgl. auch DÄUBLER (1988).

Eine weitere Folge wird darin gesehen, daß durch bereits existierende und sich weiter entwickelnde Märkte auch inhaltlich auf die *teach-ware* Druck ausgeübt werden könnte, um schließlich die bildungspolitische Willensbildung auf diesem Gebiet gänzlich zu umgehen. Gewisse Parallelen auf dem Lehrmittelmarkt, z.B. Monopolisierungstendenzen bei den Schulbüchern könnten hier Hinweise liefern, wie man frühzeitig Fehlentwicklungen vermeiden könnte.

- Psychologische Auswirkungen des Computereinsatzes
  Viele Studien belegen die Auswirkungen des überzogenen Computereinsatzes auf die menschliche Psyche, insbesondere die Überflutung durch Information (vgl. STAKERMANN 1981), soziale Isolierung und Reduktion von Sachverhalten auf binäre Entscheidungsmuster. Die Gefährdung ist jedoch nicht kausal, sondern potentiell, vergleichbar z.B. mit der Gefährdung durch das Vorhandensein von Drogen.

6.5 Fragestellungen und Forschungsbedarf

Eine Technikfolgenabschätzung sollte sich bei KI und allgemeiner DV auf das konzentrieren, was mit Computern gemacht werden kann, also auf die Anwendungsfelder. Da diese jedoch auf lange Sicht fast ausschließlich durch die Software bestimmt werden, ist zu empfehlen, dieses Gebiet mit einer Technikfolgenabschätzung der Softwaretechnik zusammen zu betreiben. Dies erscheint gegenüber einer hardwareorientierten Betrachtung der DV vordringlich.

Es empfiehlt sich, die Themenstellungen auf Gebiete zu konzentrieren, bei denen zu erwarten ist, daß sie langfristige Auswirkungen erfassen, die unabhängig von kurzfristigen Hardware-Entwicklungen sind.

Die Softwaretechnik wird deshalb auch als eine eigenständige Technik im Kapitel 9 behandelt.

Als weiteres dringendes Thema, vor allem aufgrund der bildungspolitischen Implikationen (gerade auch im Hinblick auf die fünf neuen Bundesländer), sehen wir die medial vermittelte und rechnerunterstützte Bildung an, insbesondere Training und Weiterbildung des technischen und kaufmännischen Personals.

Wie schon gesagt, liegt der derzeitige Markt für computerunterstützte Lehr- und Lernmittel in Milliardenhöhe. Der Druck, eine schnellen Erfolg verheißende Lehr- und Lerntechnologie anzuwenden, insbesondere mit Video- und Computertechnik in der Ausbildung, der beruflichen Weiterbildung vor Ort und in der privaten Weiterbildung im Heim, wächst. Insbesondere stellt man eine Differenz zwischen Qualifikationsangebot und Qualifikationsbedarf fest, deren Ursache in der raschen Einführung der neuen Techniken in die Arbeitswelt gesehen wird.

Eine der möglichen Fragestellungen könnte hier lauten:

Welche Lehr- und Lerninhalte könnten medial (insbes. video- und computergestützt) besser als andere vermittelt werden, und gibt es absehbare Langzeitauswirkungen des Einsatzes dieser Technik in der Bildung?

In Erweiterung konventioneller Systeme (wie Video, computerunterstützter Unterricht, Film, Lehr- und Lernmittel, wissensbasierte Systeme, Abfragesysteme und dergleichen) bieten sogenannte Multi-Media-Systeme weitere Möglichkeiten, dem Lernenden Informationen durch Texte, Bilder, Videosequenzen, Wiedergabe von Simulationen (sog. Animationen) und Sprachausgabe (sequenziert oder synthetisiert) darzubieten. Diese Darbietung kann vom Benutzer solcher Systeme interaktiv gesteuert werden und hängt, je nach Design des Systems, von den Lernstrategien und dem Lernverhalten des Benutzers ab.

Das Design solcher Systeme erfordert neben einer formulierten und expliziten Lehrstrategie jedoch eine Softwaretechnik, die sich stellenweise an die der Künstlichen Intelligenz anlehnt. Während die Technik für die Ansteuerung der verschiedenen Medien (Rechner, Audio, Video, Wissensbasis etc.) als genügend angesehen wird, wird nach Ansicht vieler Fachleute den lerntheoretischen Grundlagen solcher medial vermittelter Trainings- und Lernvorgänge noch viel zu wenig Beachtung geschenkt, da das Faszinosum der Technik, insbesondere bei der Benutzerschnittstelle, dieses Defizit zu überdecken scheint.

Die Einsatzmöglichkeiten dieser Techniken in der Lehre liegen wohl vorrangig im Bereich der technischen Dokumentation, der Hilfssysteme, Bedienungsanleitungen und Benutzerführung von technischen Systemen wie Anlagen, Maschinen, einfachen Produktionsprozessen und Wartungsaufgaben.

Es wird immer wieder darauf hingewiesen, daß durch die verkürzten Produktlebenszyklen ein wachsender Bedarf nach aktuellen Produkten und produktionstechnischer Information entstünde, der schnell angepaßt werden muß. Dieser Änderungsgeschwindigkeit würde nach dieser Auffassung das herkömmliche System der berufichen Aus- und insbesondere Weiterbildung nicht mehr gerecht, da es zu träge auf den Änderungsbedarf reagiere. Protagonisten der Multi-Media-Systeme sehen nun die Möglichkeit, diese Systeme als Trainingshilfen in den bereits bestehenden Arbeitsablauf zu integrieren, um so das Aus- und Weiterbildungssystem zu entlasten.

Von Kritikern dieser Multi-Media-Systeme wie von den Befürwortern wird übereinstimmend ein Defizit an Konzepten und Abschätzungen bezüglich der Auswirkungen eines breiten Einsatzes dieser Systeme auf Arbeitsorganisation, Arbeitsinhalte, Arbeitszeitgestaltung, auf die Entwicklung zukünftiger Berufsbilder und Curricula, auf die Ausbildungs- und Weiterbildungszeiten sowie auf den Aufbau des Aus- und Weiterbildungssystems festgestellt.

7. Die Universalität der digitalen Techniken

7.1 Bedeutung der Digitaltechnik

Unter Digitalisierung der Kommunikationstechnik versteht man die Aufbereitung anloger Signale (z.B. durch ein Mikrophon modulierte Sprechströme oder die Bildsignale zur Ansteuerung eines Fernsehgerätes) in eine Folge von diskreten Signalen (alle von gleicher Amplitude und Dauer), denen informationstechnisch im einfachsten Fall eine Folge von Nullen und Einsen entspricht (sog. binäre Codierung).

Der Vorteil dieser Umwandlung liegt in einem wesentlich verbesserten Rausch-Signal-Verhältnis (was auch der tiefere Grund für den Siegeszug des binären Rechners gegenüber dem Analogrechner ist, vgl. NEUMANN 1967) sowie in der Verarbeitungsmöglichkeit des Signals durch Algorithmen, also Rechenverfahren, die mit einem herkömmlichen von-Neumann-Rechner durchführbar sind.

Dieser Vorteil ist genau aber auch die Quelle der Kritik dieser Technologie: Wenn die zur Kommunikation benutzen Signale Berechnungsverfahren unterworfen werden können, ist ihre gezielte Veränderung während oder nach dem Kommunikationsprozeß zu legitimen oder illegitimen Zwecken möglich.[1] Diese Möglichkeiten umfassen:

- Veränderungen des Spektrums und Filterung zur Verbesserung des Rausch-Signal-Verhältnisses oder der Rekonstruktion gestörter Signale,
- Chiffrierung und Dechiffrierung (z.B. Sprachverschleierung), um das Abhören von Kommunikationssignalen zu erschweren,
- Veränderung der Klangqualität, des Frequenzspektrums und anderer Qualitäten bei Tonsignalen zu künstlerischen (vgl. BOULEZ, GERZSO 1988), synthetischen (Bild- und Tonsynthese) oder praktischen (Stimmverzerrungen zur Anonymisierung) Zwecken,
- Verarbeitung des Kommunikationssignals zu Zwecken der Fälschung, Abänderung (z.B. Unterschriften bei Telefax-Unterlagen),
- Mischen von synthetisch erzeugten Signalen mit ursprünglich vom Kommunikationsprozeß herrührenden Signalen[2] und andere mehr.

[1] Vgl. die Ausführungen hierzu in Abschnitt 4.1 (NYQUIST 1924).

[2] Dies zeigt die volle Problematik der Dokumentfähigkeit und rechtlichen Verbindlichkeit elektronischer Dokumente. Als anschauliches Beispiel sei eine Ent-

Im folgenden soll näher auf einige Techniklinien eingegangen werden. Die Techniklinien der Computervernetzung und der fortgeschrittenen Magnetkartentechnologie basieren darauf, daß die Rechnerleistungen durch die Kommunikationstechnik verteilt und dezentral angeboten werden können. Die Techniklinien ISDN und Mobilfunk basieren darauf, daß die Kommunikationstechnik durch die Rechnertechnik unterstützt und in ihrer Funktionlität erweitert worden ist. Die Funktionalitäten aller vier Technologielinien werden primär durch die Gestaltung der Software bestimmt.

7.2 Computervernetzung

7.2.1 Die Entwicklungsmöglichkeiten der Netze

Unter einem Local Area Network (LAN) versteht man eine Verbindung von Computern in einem Gebiet von wenigen Kilometern Ausdehnung, z.B. einem Betrieb. Unter einem Wide Area Network (WAN) versteht man die Verbindung über größere Distanzen hinweg, z.B. zwischen den Teilbetrieben eines weltweiten Konzerns. Entscheidend ist bei dieser Definition, daß diese Netze ausschließlich den Benutzungsberechtigten mit definierter Zugangsberechtigung zugänglich sind (privat, wirtschaftlich oder administrativ). Sieht man den Computer als Vermittler von Kommunikationsleistungen an, so gelten dieselben Probleme und Fragestellungen wie bei ISDN mit der Abwandlung, daß die Gruppe von Anwendern geschlossen ist. Beispiele hierfür sind die Netze der Universitäten oder Science-Parks, die an öffentliche Datennetze zum weltweiten Austausch angeschlossen sind.[3] Zunehmend werden mit der Angleichung der Übertragungsraten die Kopplungen zwischen öffentlichen und Inhouse-Netzen oder WANs möglich.

Die Vernetzung kann sich nicht nur auf den Textaustausch beziehen, sondern auch auf die Übertragung von Betriebsdaten von einem Teilbetrieb in den anderen, was die praktischen und organisatorischen Grenzen der Teilbetriebe aufhebt. Dies gilt insbesondere auch für das Verhältnis von Zulieferer und Großbetrieb.

Vor dem Hintergrund der CIM-Entwicklung, die mit großen Anstrengungen vorangetrieben wird, ist die Rechnerintegration eines Betriebs nicht mehr auf ein Inhouse-Konzept beschränkt, sondern bezieht die gesamte Firmenstruktur, manchmal weltweit, in ein solches Konzept mit ein.

---

wicklung erwähnt, die am MIT betrieben werden soll (vgl. RADER 1990): Das Fernsehsignal beim Bildtelephon kann durch ein Standbild ersetzt werden, sofern dem einen Teilnehmer sein momentanes Äußeres dem anderen Teilnehmer als nicht vorzeigbar erscheint. Diesem Standbild kann man, analog dem gesprochenen Wort, synthetisch erzeugte Mundbewegungen überlagern, um somit den Anschein eines entsprechend original agierenden Gegenübers zu erwecken.

[3] Vorstellbar ist die Koexistenz von Datex-P und ISDN auf längere Sicht.

Bindet man in diesen Verbund auch noch die sogenannten Teleheimarbeitsplätze mit ein, so ist die Grenze zwischen Arbeitsort und Produktionsort, zwischen Bedienzeit und Maschinenzeit, vielleicht auch zwischen produktivem Bereich und musisch-kulturellem Bereich prinzipiell aufhebbar, sofern dies auch politisch gewollt wird.

Es ist ein weiterhin ein offenes Problem, inwiefern die Initiativen, die sich vorwiegend der sog. Eigenarbeit verpflichtet fühlen wie Netzwerke, Kooperativen, Bürgerinitiativen, Nachbarschaftsverbände und Zusammenschlüsse – im Gegensatz zur abhängigen Erwerbsarbeit –, die Möglichkeiten der Kommunikationstechniken für ihre Arbeit und Tätigkeiten nutzen werden. Welche Folgen eine solche verstärkte Nutzung hätte, ist noch weitgehend unklar. Durch den Gebrauch der „E-mail", der elektronischen Post, durch elektronische Anschlagbretter wie das Usenet, und durch die Vernetzung der privat betriebenen Computer ist eine neue Öffentlichkeit mit anderen Qualitäten und Spielregeln entstanden. Ob dies eine Gegenöffentlichkeit darstellt, ist umstritten.

Hier sind zwei Entwicklungspfade möglich, nämlich eine rasche und eine langsamere Diffusion dieser Vernetzungstechnologie, wobei die Entwicklungen, die aus der Wünschbarkeit bestimmter Organisationsformen von Arbeit, Dienstleitungen und Freizeit resultieren, schwerlich bestimmbar sind.

Die Bemühungen um das Open-System-Konzept zielen auf eine Standardisierung der Protokolle. Es geht hier auch um die Sicherung der LANs und WANs, da Ethernetverbindungen als nicht sonderlich datensicher gelten.

7.2.2 Faktoren und Auswirkungen

Die treibenden Faktoren einer zunehmenden Vernetzung sind

- der Wunsch nach einer wirtschaftlich vertretbaren Substitution von Transport und Verkehr,
- die bereits vorhandenen Technologien, die entsprechend fortgeschrieben werden,
- die wirtschaftlichen Verwertungsinteressen des Betreibers und schließlich
- die Interessen, denen auch die Antriebskräfte für die CIM-Entwicklung zugrunde liegen:
  - eine gewisse Transparenz des betrieblichen und organisatorischen Geschehens,
  - der Wunsch nach zunehmender Flexibilisierung von Organisation, Produktion, Produkten und Vertriebsmöglichkeiten,
  - das kostengünstige Anbieten von Dienstleistungen.

Je nach Auffassung über die Bedeutung von abhängiger Arbeit, die sich im Selbstverständnis der Tarifpartner und der gesellschaftlichen Gruppen herausbilden wird, sind Gestaltungsmöglichkeiten dieser Technologie denkbar und sollten untersucht werden.

7.2.3 Fragestellungen

Eine Technikfolgenabschätzung auf diesem Gebiet müßte sich folgende Fragen stellen:

1. Welche Leitbilder stehen der Vernetzung privater, gewerblicher, behördlicher und kultureller Bereiche entgegen und welche fördern sie?[4]
2. Wird die Vernetzung auch zwischen den betrachteten Bereichen überhaupt stattfinden?
3. Welche Faktoren, welche ökonomischen, ökologischen, strukturellen und geschichtlichen Bedingungen führen zur Tendenz der Vernetzung?
4. Welche Formen können diese Vernetzungen annehmen, auf welche Teiltechnologien (Rechner, ISDN, Produktionssyteme etc.) beziehen sie sich?
5. Ist es möglich, für den administrativen, den gewerblichen und den privaten Nutzer, die für ihn günstigste Form der Vernetzung vor der aktuellen Inanspruchnahme eines Dienstes zu bestimmen? Ist diese Bestimmung durch Eingriffe an der Schnittstelle selbst möglich (angepaßte Dienste resp. Netze)?
6. Sind solche „weichen" Kommunikationsnetze und entsprechend einstellbaren Funktionen ihrer Endgeräte machbar, und welche Folgen hätte ihr Einsatz?
7. Wo liegen die Grenzen der derzeit machbaren Vernetzungsdichte? Welche Standards sind hemmend, welche fördernd?
8. Spielt die politische und wirtschaftliche Entwicklung in Osteuropa in das Vernetzungskonzept mit hinein und wenn ja, mit welchen Auswirkungen? Wie werden Diktaturen mit ISDN umgehen (3. und 4. Welt)?
9. Ändert die Vernetzungstechnik unmerklich unsere Auffassung darüber, was Privatheit und Privatsphäre konstituiert und was an ihr als schützenswert gilt?
10. Welche wirtschaftlichen Effekte und arbeitsmarktpolitischen Auswirkungen in der Fernmeldeindustrie hat die Einführung dieser Vernetzung?
11. Welche bildungspolitischen, berufspolitischen, ständischen und ggf. arbeitsmarktpolitischen Auswirkungen haben unterschiedliche Grade an Vernetzungen?

7.3 Kartentechnologie

In Frankreich haben sich die Kreditkarte und die Telephonkarte weitgehend durchgesetzt, in der BRD weniger.

Es ist deshalb eine interessante Frage, welche Faktoren bei der unterschiedlichen Akzeptanz dieser Dienste und Technologieangebote eine Rolle spielen, welche Nutzungsprofile sich bei welcher Verbreitung einstellen und wie sich diese Nutzungsprofile im Laufe der Zeit ändern. Ferner ist zu fragen,

[4] Vgl. hierzu DIERKES (1991) zum Thema „Leitbild Assessment".

welche Faktoren auf die Entstehung und Dynamik solcher Nutzungsprofile wirken.

Die technischen Entwicklungslinien suggerieren ein beinahe schrankenloses „Anything goes", während Akzeptanzprobleme, Wirtschaftlichkeitsbetrachtungen (in Hinsicht auf die Kennzahlen der tatsächlichen Nutzung) und rechtliche Regelungen die Einführungen solcher Dienste doch schleppender vonstatten gehen lassen, als es von den Protagonisten erwartet wurde.

Die universelle Kredit-, Telephon-, Zugangsberechtigungs- und Ausweiskarte als Horrorvision oder als ideale Möglichkeit für zukünftige Organisations-, Verkehrs- und Kommunikationsformen setzt, in welcher Gestaltung auch immer, einen funktionierenden Datentransfer auf breiter Basis zwischen Rechnern voraus. Dabei wird immer wieder die Frage nach dem Risiko thematisiert, das der Einzelne eingeht, wenn er solche Systeme benutzt.[5]

Man kann, einen bestimmten Abstraktionsgrad einmal zulassend, die Bewegung einer Chipkarte von einer Benutzerstation zur anderen ebenfalls als eine Kommunikation darstellen, der ein virtuelles Netz konstituiert – nämlich das, was der „Kunde" durch seine Handlungen mit dieser Karte gegenüber der Erfassung erzeugt.

Die Streitfrage bei diesen Kartensystemen (wobei Kreditkarten und Telephon-Guthabenkarten auf der Welt millionenfach benutzt und akzeptiert werden) entzündet sich bei der Kopplung zwischen den Rechnersystemen der einzelnen Teilfunktionen (z.B. Ausweis- und Telephonbuchungskarte), bei der Frage nach den Interessen derer, die diese Kopplung betreiben und vor allem hinsichtlich der rechtlichen, sicherheitstechnischen, datenschutztechnischen und politischen Kontrolle.

Die Frage, ob man mit einer anonymen Guthabenkarte auskommt, die keine Datenspuren hinterläßt,[6] oder ob durch eine zentrale Erfassung der abgerufenen Dienstleistung zwangsläufig ein Benutzerprofil entstehen muß, ist in der Diskussion umstritten. Es wird die Möglichkeit diskutiert, bestimmte Verschlüsselungen einzuführen, die nur bei gegenseitiger Berechtigung und gegenseitigem Einverständnis von Benutzer- und Systembetreiberseite aufgehoben werden können.

Eine Bearbeitung dieser Fragestellung könnte Aufschluß darüber geben, wo sich Hersteller mit überzogenen Erwartungen und übereilten Ankündigungen geirrt haben. Zur Schwierigkeit, Verbraucher- oder Nutzerinteressen zu organisieren, kommt noch eine gewisse Schwerfälligkeit der Anbieter, auf Nutzerwünsche einzugehen (vgl. BPB 1987). Eine Einsicht in die Dynamik der Nutzungsprofile gäbe auch den Technik- und Systementwicklern wie den

---

[5] Der Begriff Risiko ist mittlerweile zu einem wichtigen Begriff der kultur- und technikphilosophischen Debatte geworden (vgl. die Aufsatzsammlung SCHÜZ 1990, darin auch RÖGELIN 1990).

[6] Durch einen begrenzten Betrag steht auf diese Weise ein Dienstleistungsäquivalent zur Verfügung. Insofern könnte das „Plastikgeld", wie diese Karten gelegentlich genannt werden, Geld tatsächlich für manche Dienstleistungsbereiche substituieren.

Anbietern von Diensten Hinweise darauf, in welcher organisatorischen, politischen und administrativen Form sie den potentiellen Benutzern ihrer Produkte eine Partizipation bei der Gestaltung dieser Dienste einräumen und zubilligen könnten.

Das sog. Recht auf informationelle Selbstbestimmung, durch höchstrichterliche Rechtssprechung in den Rang eines von der Verfassung zu schützenden Rechtsguts erhoben, setzt bei diesen Systemen organisatorische, rechtliche und praktisch-technische Grenzen.

Generell erscheint die Verfassungsverträglichkeit der Informations- und Kommunikationstechnik als ein sehr wichtiges Thema. Dieses Thema setzt einen typischen problemorientierten Ansatz voraus – technikorientierte Technikfolgenabschätzung kommt hier nicht sehr weit, da gerade bei der Informations- und Kommunikationstechnik der organisatorische, administrative und politische Hintergrund der Nutzung, der Interessen der Betreiber und der Nutzer wie der Betroffenen der notwendigen Infrastruktur nicht getrennt analysiert werden kann. Die Ansätze von ROSSNAGEL et al. (1989–1990) sowie die Hinweise von BENDA (1990) nach den Grenzen, welche administrativen Akte man noch der „Automatisierung" unterwerfen kann, sollten weiterentwickelt und in die Diskussion auch die Technikkompetenz von Hersteller, Betreiber und Nutzer eingeführt werden (im Strafprozeßrecht ist die Grenze da, wo Anspruch auf rechtliches Gehör besteht). Die Fragestellungen sind bekannt und müssen entsprechend der gewandelten Situation neu diskutiert und weiterentwickelt werden.

7.4 ISDN

7.4.1 Funktionalitäten

Neben der CD-Schallplatte mit der digitalisierten Aufnahmetechnik ist die bekannteste Anwendung der Digitalisierung das ISDN (Integrated Services Digital Network). Da es durch ein vergleichsweise einfaches technisches Verfahren möglich ist, digitalisierte Signale auch über normale (verzwirbelte) Telephonkabel zu übermitteln, kann man nicht nur Sprachsignale, sondern in begrenztem Umfang auch Daten, Vermittlungsimpulse und -daten, Bildsignale, Steuerungsbefehle und dergleichen übertragen. Gleichzeitig wird die Rechnerunterstützung der Vermittlungsvorgänge (Aufbau von Verbindungen, Verwalten der Verbindungsdaten, Kostenermittlung) durchgängig realisiert.

Beim Breitband-ISDN ist dann in Fortentwicklung der digitalen Signalübertragungstechnik, z.B. durch Verwendung von Glasfaserverbindungen, eine schnellere Übertragung von Information,[7] möglich. Hier beginnt auch die Diskussion um das, was die totale technische Vernetzung von Lebensbereichen genannt worden ist.

---

[7] Gemessen in Einheiten der Informationstechnik wie Bit oder Baud (vgl. SHANNON, WEAVER 1949).

Durch die Integration von verschiedenen Diensten entsteht nun ein sehr großer Spielraum bei der Gestaltung der Funktionen der Kommunikation, des Umgangs mit den Vermittlungsdaten und bei der Gestaltung der Funktionalität der Endgeräte.[8]

Insbesondere haben die Funktionen

- Speichern von Verbindungen zu Abrechnungs- und Kontrollzwecken,
- Anzeige der Rufnmmer des Anrufenden auch ohne Fangschaltung,
- Anrufiste,
- Anrufumleitung mit Anzeige beim Anrufenden, auf wen umgeschaltet wurde und
- Anrufsperre

zu kontroversen Diskussionen geführt.[9]

7.4.2 Weitere Integrationlinien

Bei der Weiterentwicklung des ISDN für die Integration weiterer Dienste wie Autotelephon und fahrbares Büro spielt der PC als Arbeitsplatzinstrument und auch als häusliche Kommunikationsstation eine zentrale Rolle. Dem PC wächst die Funktion eines universellen Kommunikationmittels zu, das die Funktionalitäten Telephon, Teletex, Telefax, Telex, Bildschirmtext und Videotext umfassen kann. Der PC kann an den DATEX-P-Verkehr angeschlossen sein, E-mail senden und empfangen, man könnte ihn für Bildtelephonie umrüsten, er kann als Vermittlungscomputer, als Sprachspeicher, als Telephonanrufbeantworter, oder als Einheit zur Fernbedienung und -steuerung fungieren, und nicht zuletzt ist er als Teleheimarbeitsplatz im Gespräch.

Damit wächst die Bedeutung der Endgerätegestaltung und der multifunktionalen Einstellbarkeit durch den Benutzer und entsprechend den Benutzerwünschen. Dies entspräche der Integration in ein universelles Endgerät, dessen Schnittstelle es auch Laien ermöglichen müßte, durch wenige Manipulationen das Gerät in die Funktion zu bringen, in der es gebraucht wird, vom einfachen Telephon (mit der entsprechenden einfachen Bedienung) bis hin zum Teleheimarbeitsplatz.

Eine über 30 Jahre andauernde Koexistenz von ISDN und normalem Telephonnetz wird für möglich gehalten. Die Einführung des ISDN ist nicht so schnell erfolgt, wie das ursprünglich von den Promotoren gehofft wurde, sondern eine eher schleppende Verbreitung kennzeichnet das Bild. Die Ursache liegt weniger in der kurz nach Bekanntwerden der Einführungspläne einsetzenden Debatte um den Datenschutz bei ISDN, sondern bei technischen Problemen der Herstellerseite und in einer Entwicklungspolitik des Netzbetreibers, die als nicht adäquat angesehen werden darf (vgl. SEEGER 1990).

[8] Eine Einführung in die Technik geben u.a. BOCKER (1986) und WALKE (1988).

[9] Vgl. KUBICEK (1988, 1989 a,b), weitere Literatur dort; ANDEXER (1989), und unter dem Titel: „ISDN= ich seh da nix“ (N. N. in: Funkschau (1990 e)); ROSSNAGEL (1989–1990).

Auch hier wurden Funktionalitäten angekündigt, ohne daß sie dann zum angekündigten Zeitpunkt dem Benutzer angeboten werden konnten.

Da die Digitalisierung des normalen Fernsprechverkehrs allein bereits eine Steigerung der Wirtschaftlichkeit des Betriebs und der Wartungsfreundlichkeit mit sich bringt, ist unter Umständen zu erwarten, daß zuerst ein Zusammenfassen jetzt noch getrennter Netze zu ISDN angestrebt wird, bevor die volle Integration aller Dienste angegangen wird.

Aus Sicherheitsgründen und im Sinne einer Dezentralisierung wäre auch eine andere Entwicklungsrichtung denkbar, die getrennte Netze beläßt, sie aber mit weiteren Funktionen ausstattet (vgl. KUBICEK 1988, 1989 a,b).

Es existieren bereits heute mehrere getrennte Kommunikationsnetze in der Bundesrepublik. Beispiele sind die Kommunikationssysteme der Bundeswehr, der Sicherungskräfte (Polizei, Grenzschutz), der Bundesbahn, der Energieversorgungseinrichtungen, der öffentlich-rechtlichen Rundfunkanstalten. Diese Kommunikationssysteme benutzen teils Kabel, teils Funk und arbeiten mit unterschiedlichen Kopplungsgraden unabhängig voneinander.

7.4.3 Faktoren, Folgen, Auswirkungen

Niemand unterstellt ernsthaft, daß ISDN aus dem Wunsch heraus entwickelt wurde, eine Vermittlungstechnik zu schaffen, die eine lückenlose Registrierung von Kommunikationsvorgängen und -inhalten erlauben sollte. Dieser Vorstellung steht auch die Unmöglichkeit einer sinnvollen Verwertung der total gespeicherten Informationsmenge entgegen.

Die Verwendung von ISDN-Daten und die Möglichkeit, selektiv für ein bestimmtes Interesse Daten, die bei der computergestützten Vermittlung und der Kostenabrechnung nun einmal entstehen, auch zu speichern und auszuwerten, kann bei fehlender öffentlicher Kontroverse um die Verwendung dieser Daten zu Entwicklunglinien Anlaß geben, die solche Überwachungswünsche technisch und organisatorisch unterstützen.

Insofern könnte dieser Umstand, je nach Blickrichtung, Ursache wie Folge der technologischen Entwicklung sein. Einen entscheidenden Faktor scheint uns die ökonomische Betrachtungsweise zu liefern: Das alte Telephonnetz ist überholungsbedürftig, die elektromechanische Vermittlungstechnik ist teurer als die digitalen Vermittlungseinrichtungen, und bei ISDN kann das vorhandene Kabelnetz weiter verwendet werden.

Als ein weiterer Faktor für die ISDN-Weiterentwicklung können die technischen, administrativen und technologiepolitischen Vorleistungen der Post angesehen werden. Insbesondere ist hier bei einer Deregulierung und spät begonnenen (wenngleich längst überfälligen) Liberalisierung des Endgerätemarkts eine Bewegung in der technischen Entwicklung zu erwarten, die – ähnlich wie in der Unterhaltungselektronik – neben vorläufigen und modischen (Dys)-Funktionen einem neuen Standardkomfort zustreben wird.

Aus der Fülle von diskutierten Folgen nennen wir kursorisch diejenigen, die am wichtigsten zu sein scheinen:

- Reduktion von Briefdiensten infolge der Substitution des Mediums Brief durch andere Dienste.
- Trennung von Arbeitsort und Produktionsort (Zunahme der Arbeitsleistung zuhause; vgl. RADERMACHER 1990).
- Aufbau informaler Kommunikationsstrukturen im Bereich der Nachbarschaftshilfen, von Netzwerken und Bürgerinitiativen, Interessengruppen, schattenwirtschaftsähnlichen Zusammenschlüssen, kleineren Gruppen und Freizeitinitiativen, elektronischen Stammtischen sowie kommunalpolitischen Netzen und dergleichen mehr (vgl. VOLPERT 1990).
- Die Vernetzung und damit die Kopplung zwischen den verschiedenen Diensten und die wegen der Digitalisierung prinzipiell mögliche (programmierbare) Interaktion kann nach ROSSNAGEL (1990 a,b,c) zu Verschiebungen der Verfassungswirklichkeit führen.

In ROSSNAGEL (1989 a,b) wird gefragt, ob eine technologische Entwicklung gestoppt wird, wenn ihr nicht zu verhindernder Gebrauch ein Verfassungsgut einschränkt, oder ob nicht eher die Einschränkung des Verfassungsgutes – bei gleichbleibendem Verfassungsanspruch – de facto hingenommen wird.

Diese prinzipielle Diskussion wird vornehmlich anhand der Vernetzung geführt. Dabei ist es vergleichsweise unerheblich, ob die Vernetzung nun ISDN-basiert ist oder nicht. ISDN als ein gegenwärtig angestrebtes, vergleichsweise wirtschaftliches Vernetzungsinstrumentarium wirkt in der Diskussion aus aktuellem Anlaß paradigmatisch. Insofern sind auch die diskutierten rechtlichen Folgen paradigmatisch und gelten mutatis mutandis für die Diskussion anderer Technologiebereiche.

7.4.4 Die Kommunikationsversorgung

Eine besondere Beachtung verdient weiterhin die Situation der Kommunikationsversorgung in den neuen Bundesländern.

Das vorhandene Fernmeldenetz der ehemaligen DDR ist gekennzeichnet durch Kapazitätsengpässe, Systemzusammenbrüche und gering ausgelegte Redundanz. Die Übertragungssicherheit und die Übertragungsqualität entsprechen vielerorts dem Stand der 50er oder 60er Jahre. Dies liegt zum einen an der Qualität der Komponenten und Endgeräte, zum anderen und überwiegenden Teil jedoch an einer mangelnden Wartung des Netzes. Die Nachfrage entwickelte sich ab 1990 explosionsartig und wurde anfänglich von der Telekom unterschätzt.[10]

[10] Obwohl die Planzahlen ein Mehrfaches des jetzigen Bestandes für den Ausbau anstreben (z.B. soll Sachsen auf ca 2,6 Mio. Anschlüsse bis 1997 kommen), sind die bisherigen Ausbauzahlen noch nicht sonderlich eindrucksvoll. Prioritäten haben vorerst Verwaltung und Geschäftsanschlüsse (vgl. auch N. N. 1991 a).

Hinzu kommt, daß es auch hier mehrere koexistierende Netze gibt, die parallel zum bestehenden öffentlichen Netz aufgebaut und betrieben wurden (Behörden, Partei, Sicherheitsorgane etc.).[11]

Die Frage nach der Kompatibilität koexistierender Netze mit verschiedenen Standards und Qualitätsmerkmalen hat nicht nur eine technisch-organisatorische Seite, sondern auch eine ordnungspolitische: Wird die Kompatibilität und wechselseitige Benutzbarkeit gewünscht oder strebt man den Ausbau verschiedener Netze aus vorhandenen Kernen an? Eine Antwort auf diese Frage ist offenkundig weitreichend für die Technikentwicklungslinie des Netzausbaus der Telekom, auch in Hinsicht auf eine Verbesserung der Fernmeldeverbindungen in Richtung Osteuropa.

Die bundesweite Einführung von ISDN wird sich ohne Frage auch auf die neuen Bundesländer erstrecken. Vordringlich erscheint jedoch eine Herstellung einer minimalen Kommunikationsversorgung, um dem Kommunikationsbedarf der Wirtschaft nachkommen zu können. So sind die Bereiche um Berlin, im Süden der ehemaligen DDR und anderen wirtschaftsintensiven Räumen mit Mobilfunkeinrichtungen des C-Netzes versehen worden, um überhaupt während der normalen Arbeitszeit ein Minimum von Kontaktmöglichkeiten zu schaffen.

Die Frage, ob die Gebiete der neuen Bundesländer gleich mit ISDN ausgestattet werden sollen und das bestehende Netz weder saniert noch ausgebaut werden soll, beeinflußt sicher auch das Anwendungspektrum. Dies scheint eine lohnende Frage zu sein, zumal auch die Ansicht diskutiert wird, daß nicht eine Glasfaserverkabelung vordringlich ist, sondern die Herstellung ganz normaler Telephon-, Fax- und Telexverbindungen in ausreichender Zahl zwischen den alten und den neuen Bundesländern.[12]

7.4.5 Fragestellungen und Forschungsbedarf

Themenstellungen für eine Erforschung der Technikfolgen im Bereich der ISDN-Technologie könnten sein:

---

[11] So wurde das Sondernetz 1, das ehemalige Telephonnetz der DDR-Regierung, nur zu 50% für die „zivile Nutzung" freigegeben, ansonsten wird das Netz von der Treuhand, den Länderregierungen, den Kreisverwaltungen und dem Innenministerium genutzt (vgl. N. N. 1991 a,b).

[12] Vgl. auch N. N. (1990 d). Bis zur Jahresmitte 1990 waren 60 Ortsnetze in der alten Bundesrepublik mit ISDN versorgt, zum Jahreswechsel sollten es 830 sein. Ausbaupläne für ISDN für die neuen Bundesländer sind dem Verfasser noch nicht bekannt.

Es gibt eine Reihe von Gründen, weshalb ISDN erst schleppend in Fahrt zu kommen scheint (vgl. auch N. N. 1990 e): Unzureichende Betriebssicherheit, Telekom-interner Wettbewerb (DFÜ, FAX), wirkungsloses Marketing, 2,5fach höhere Grundgebühren, Mangel an preiswerten Endgeräten, immer noch ignorierte Datenschutzbedenken, Flop-Image durch stagnierende Teilnehmerentwicklung und Nichtberücksichtigung vorhandener PCs.

- Fragen nach Entstehen und Dynamik von Nutzerprofilen (d.h. welche Dienste werden zu welchem Zweck genutzt), um sich ein Bild über die gegenwärtigen und zukünftigen Kommunikationsbedürfnisse zu machen. Insbesondere ist interessant, ob es Anzeichen gibt, daß bei einer großflächigen Einführung von ISDN kommunikationstechnische Umwege oder Zusatzverbindungen aufgebaut werden, um etwaige Restriktionen, Kosten oder Kontrollen zu umgehen. Auch die weitere Verwendung von bereits existierenden Sondernetzen in den alten wie den neuen Bundesländern wäre hier zu nennen. Beides würde auf eine Fehleinschätzung von Kommunikationsbedarf und angebotener Funktionalität hinweisen. Hier erscheint eine politische Diskussion unter Einbeziehung verschiedener Interessengruppen sinnvoll und notwendig.
- Sogenannte „weiche" Kommunikationsnetze und Vernetzungstechnologien werden seit geraumer Zeit diskutiert.
  In der Fachpresse und bei Diskussionen um die zukünftige Gestaltung der Kommunikationstechnologie wird das universale Endgerät erwähnt, das dem Benutzer ermöglichen soll, genau die kommunikative Funktion zu wählen, die er benötigt.
  Die Fragestellung könnte dann lauten:
  > Welche Auswirkungen haben die Kommunikationsnetze, die ihre Funktionalität variabel aufgrund von Benutzerwünschen annehmen können, und wie sind die organisatorischen, rechtlichen und arbeitsteiligen Folgen bei verschiedenen Ausgestaltungen solcher „weichen" Kommunikationsnetze?

  Unter Weichheit sei hier die Fähigkeit dieser Technologie verstanden, bei gleichbleibender Hardware bestimmte „virtuelle" Netze über Software so zu definieren, daß sie für den gewünschten Zweck und für die vorgesehene Gruppe von Benutzern (privater, öffentlicher oder wirtschaftlicher Provenienz) als ein eigens zu diesem Zweck errichtetes Netz erscheinen und auch so funktionieren.
  Diese Definierbarkeit von Netzen auf „Zuruf" soll bei gleichbleibenden Betriebs- und Hardwarekosten viele nebeneinander existierende Netze erzeugen, die unabhängig voneinander operieren und auch datentechnisch sauber getrennt sind.
  Die Funktion dieser Netze ist dann durch die benutzergesteuerte Definition auf Zeit festgelegt und steht nach Gebrauch nicht mehr zur Verfügung. Die Definition der Funktionalität des Endgerätes ist eine Bedingung für die Möglichkeit solcher weichen Kommunikationsnetze.
- Mögliche weitere spezielle Fragestellungen wären in diesem Zusammenhang:
  - Spektrum der Kommunikationsfunktionen (Bedarf und Möglichkeiten der Realisierung)
  - Parametrisierbare Kommunikation (das universale Endgerät)
  - Teleheimarbeit

  - Kommunikations- und Sozialverhalten – daraus resultierende Verfassungswirklichkeit.
- Neben den „klassischen“ Themen der Datensicherheit und der Überwachungs- und Kontrollmöglichkeit, die ISDN technisch bietet (die aber nicht notwendigerweise genutzt werden müssen, wenn es politisch nicht so gewollt wird und technisch auch anders realisiert werden könnte), bietet sich die Fragestellung an, welche Folgen ein großintegriertes Netz und welche Folgen die Koexistenz von vielen Netzen für verschiedene Zwecke haben können. Hier sind vor allem die Aspekte der richtigen Mitte zwischen Dezentralisierung und Zentralisierung, zwischen linearer und loser Kopplung (vgl. auch PERROW 1987, S. 387 f.) und der Gesichtspunkt der Störanfälligkeit zu berücksichtigen.
- Bezüglich der öffentlichen Zugänglichkeit von Informations-, Daten- und Wissensbanken besteht die Frage nach einem öffentlichen Informationsmanagement. Hier ist nicht nur zu klären, welche Folgen ein solches Angebot hätte, sondern auch, falls wünschenswert, wie es gestaltet sein müßte und was an Allgemeinbildung für den Benutzer zusätzlich erforderlich wäre, um damit zurechtzukommen. Erwähnenswert ist in diesem Zusammenhang die OTA-Studie von MUSKENS, GRUPPELAAR (1988), die die strategischen und politischen Bedingungen solcher Dienstleistungen diskutiert.

7.5 Mobilfunk

7.5.1 Funktionalitäten

Traditionellerweise unterscheidet man zwischen dem sog. öffentlichen beweglichen Landfunk (öbL) und dem nicht-öffentlichen beweglichen Landfunk (nöbL). Darunter wird im ersten Fall der jedermann zugängliche Dienst der portablen oder in Fahrzeugen untergebrachten Funktelephone verstanden, im zweiten Falle die Funkdienste der Firmen, Behörden und der sonstigen Einrichtungen, zu deren Betrieb ein Bedarf gegenüber dem Träger der Funkhoheit nachzuweisen ist.

Durch Entwicklungen der Technik ist das Frequenzspektrum, auf dem diese Dienste arbeiten können, erheblich besser ausgenutzt und erweitert worden, so daß potentiell viel mehr Kanäle für öbL und nöbL zur Verfügung stehen als früher. Das hat zu einer Ausweitung dieser Dienste geführt, unter anderem auch zur schon lange verlangten Freigabe des sog. Citizen-Band (Sprechfunk im 11-Meter-Band ohne Lizenz mit geringer Sendeleistung).

Die Funktion des beweglichen Funkdienstes läßt sich zweifach beschreiben: Zum einen ist die Erreichbarkeit außerhalb des herkömmlichen Telephonnetzes für hoheitliche, gewerbliche oder private Zwecke erwünscht, zum anderen wird die Möglichkeit verlangt, selbst außerhalb des herkömmlichen Netzes aktiv von jedem Ort aus den Kontakt aufnehmen zu können.

In Gewerbe und Verwaltung, besonders bei sicherheitskritischen Aufgaben, ist diese Kommunikationstechnik wirtschaftlich, organisationsunterstützend und zeitsparend. Im Privatleben hat sie darüber hinaus eine gewisse Prestigefunktion: Wer ein (prohibitiv teures) Autotelephon besitzt oder benutzt, muß wegen der Kosten, die damit verbunden sind, und der Funktion der jederzeitigen Erreichbarkeit wohl eine gewisse Bedeutung geschäftlicher oder administrativer Art haben.

Wie weit dies gehen kann gehen kann, sieht man an den Verkaufszahlen der Attrappen von Autotelephonen: Sie liegen etwa in derselben Größenordung wie die Zahlen der „echten“ Geräte (vgl. die FUNKSCHAU-Übersichten N. N. 1990 a). Die weitaus billigeren CB-Funkgeräte bieten allerdings nicht den Komfort eines Autotelephons, und die begrenzte Reichweite und ihr Preis machen sie als Statussymbol untauglich.

Die Funktion der Erreichbarkeit ist auch mit Techniklinien wie City-Ruf, Eurosignal, Telepoint und anderen Mitteln weitaus billiger realisierbar.

Es verdichtet sich der Eindruck – genauere Untersuchungen scheinen unter Verschluß zu liegen –, daß die Funktion der Erreichbarkeit nur bei etwa 25% der aufgebauten Verbindungen vom portablen Telephon zum normalen Netzteilnehmer eine Rolle spielt und 75% der Anrufe vom mobilen Teilnehmer ausgehen. Dabei wendet gerade die Technologie des C- und D-Netzes zur Realisierung der Erreichbarkeit etwa 90% der Entwicklungs- und Infrastrukturkosten auf. Genau diese Techniklinie ist es auch, die die wegen der sog. Zellenstruktur dieser Funknetze anfallenden Datenmengen über Zeitpunkt und Aufenthalt des zu erreichenden mobilen Teilnehmers zwangsläufig sammelt (sog. Datenschatten).

7.5.2 Entwicklungslinien

Die Entwicklung der Funktelephone ist gekennzeichnet durch steigenden Benutzerkomfort. Während das nicht mehr existierende A-Netz die Verbindung zwischen dem mobilen Gerät, einer Feststation und dem Telephonnetz per Handvermittlung leistete, war im B-Netz, das noch existiert und bis ca. 1995 noch betrieben werden soll, die Selbstwahl des mobilen Teilnehmers möglich – die Erreichbarkeit setzte allerdings in beiden Fällen die ungefähre Kenntnis des Aufenthalts des mobilen Teilnehmers in einem sog. Funkverkehrsbereich voraus. Das neu eingeführte C-Netz mit immer noch wachsenden Zuwachsraten auch im Endgerätemarkt benötigt keine Leitkennzahl für diese Bereiche, sondern meldet dem zellularen Netz automatisch die Zelle, in der sich der mobile Teilnehmer, falls er sein Gerät eingeschaltet hat, erreicht werden kann.

Das B-Netz ist kompatibel zu einigen anderen Funkdiensten der europäischen Nachbarländer, das C-Netz ist ausschließlich national.

Die geplante Einführung des D-Netzes mit cm-Wellen benötigt aus physikalischen Gründen ein noch weit engeres zellulares Netz, um die Erreichbarkeitsfunktion zu gewährleisten. Betreiberlizenz und behördliche Genehmigung wurden 1989 vergeben – die geschätzten Entwicklungskosten liegen bei ca. 3 Milliarden DM für Deutschland. Ein europaweiter Betrieb ist vorgesehen.

Pläne für ein E-Netz (unter Einbeziehung von Satellitenkommunikation), das weltweit betrieben werden soll, bestehen bereits – die Einführung und Ausgestaltung eines solchen Netzes ist noch nicht konkret geplant.

Denkbar ist folgende weitere Entwicklungsmöglichkeit: Man betreibt auch weiterhin koexistierende Netze (B, C und D), gegebenenfalls auch billigere Versionen wie die Reduktion der Teilfunktion der Erreichbarkeit durch die Angabe in einem Display, welche Teilnehmernummer einen aktiven Anruf von der mobilen Seite aus wünscht – dies macht die Technologie um den Faktor 5 billiger. Großbritannien und Frankreich arbeiten an solchen Lösungen.

Diese Lösungen hätten den Vorteil, daß keine zentral erfaßbaren Datenschatten und keine Bewegungsprofile der Teilnehmer entstehen, die erreicht werden wollen.

Man könnte sich aber auch vorstellen, daß ein einziges Netz alle bisherigen öffentlichen und privaten Funknetze substituiert und mit einem großintegrierten ISDN-Netz gekoppelt wird. Das impliziert eine Zentralisierung der Kommunikationstechnologie und schaltet damit mögliche Gegengewichte zur Kontrolle gegen Mißbrauch aus.

Unabhängig von der Frage eines oder mehrerer Netze werden Geräte entwickelt werden, die sehr handlich und, von Betriebsaufwand und Preis aus betrachtet, für jedermann erschwinglich und betreibbar sind.

7.5.3 Faktoren und Auswirkungen

Treibender Faktor der Technikentwicklung ist, wie so oft, die schon vorhandene Technologielinie, die sich aus Prestige- und Statusgründen wie aus Wirtschaftlichkeitsgründen stetiger Nachfrage erfreut.

Eine weiterer Faktor der Entwicklung dieser Technologie ist, daß sie sich unmittelbar an eine bereits existierende und voll funktionierende Technik, das herkömmliche Telephonnetz, anschließen kann. Sie ergänzt damit vorhandene Funktionalitäten.

Ein weiterer fördernder Faktor liegt in dem rapiden Preisverfall der erforderlichen Hardware, die sich insbesondere auf in der Rechnertechnik verwendete und bewährte Module stützt. Der Hauptaufwand liegt zunehmend in der rechnergestützten, stark softwareabhängigen Vermittlungstechnik, nicht im Endgerät.

Obwohl das B- und das C-Netz in Deutschland viel teurer sind als im Ausland, melden sich immer mehr Teilnehmer an.

7.5.4 Forschungsfragen

Es bestehen folgende Möglichkeiten, die untersucht werden sollten:

- Auswirkung auf die Gesundheit des Menschen, der sich in der Nähe von mobilen Geräten oder Feststationen befindet, die mit cm-Wellen arbeiten (vgl. N. N. 1991 c)
- Auswirkungen auf die Prestigefunktion der jederzeitigen Erreichbarkeit, wenn bei billigeren Netzen und massenhaftem Gebrauch durch jedermann das Mobiltelephon zur Alltagstechnik wird
- Auswirkung auf die Lebensgestaltung in Freizeit und Beruf durch die ubiquitäre Erreichbarkeit, die bei einer massenhaften Verteilung dieses Dienstes gegeben ist, ebenso die Auswirkungen auf die Trennung von Arbeitszeit und Freizeit, Arbeitsort und Lebensort
- Auswirkungen eines weltweiten Funktelephonnetzes auf wirtschaftliche, rechtliche, hoheitliche und (massen-)kommunikative Strukturen, national und international.

Es wäre weiterhin interessant, nach den Leitbildern zu fragen, die zur Gestaltung von Funktelephonnetzen und zum Anbieten eines solche Dienstes führen. Die von KLEINER (1990) und anderen eingeführten Ansätze könnten zu einer Aufklärung darüber führen, welches Nutzerpotential solche Leitbilder haben und ob es möglich ist, die zu bestimmten Benutzerwünschen führenden Funktionen innerhalb eines gesellschaftlich bestimmten Kommunikationsbedarfs auch in anderer als in herkömmlicher Weise zu realisieren.

Daher würde sich als Forschungsaufgabe stellen:

- Die genannten Folgen sollten abgeschätzt werden, insbesondere sollte dabei auf die arbeitsorganisatorischen Folgen geachtet werden.
- Die heterogenen Benutzerwünsche müßten systematischer als bisher erfaßt werden.
- Datenrechtliche und organisatorische Fragen der Kleinzellenstruktur beim D-Netz, die Fragen der Verkehrssicherheit bei der Benutzung von mobilen Funkanlagen (auch Gestaltung der Mensch-Geräte-Schnittstelle) wären zu untersuchen.
- Nicht zuletzt ist nach den kulturellen Folgen und nach den Auswirkungen auf das Selbstverständnis des Menschen zu fragen, die ein massenhafter, beliebig verdichtbarer und jederzeit aktivierbarer Kommunikationsverkehr von jedermann mit jedermann allgemein oder für bestimmte Gruppen haben kann.

Es bleibt zu vermerken, daß bis zum jetzigen Zeitpunkt noch keine Studie über Mobilfunk mit diesen Zielsetzungen fertig vorliegt.

8. Weiterentwicklung der Rechnerarchitekturen

8.1 Parallele Rechnertechniken

8.1.1 Begriffsabgrenzungen

Bei parallelen Rechnern ist zu unterscheiden zwischen

- Parallelisierung des Datensatzes (z.B. Cray-Type I),
- Vektorisieren der Programme (z.B. Cray-Type II),
- Parallelisieren der Programme selbst (Cube-Type) auf der einen Seite sowie den parallelen Rechnerarchitekturen (Transputer) auf der anderen Seite und
- den massenhaft zusammengeschalteten Prozessoren ($> 10^4$ Stück).

Parallelrechner sind in der Tat zunächst ein Produkt der Militärforschung gewesen. Wenn man heute von Parallelrechnern spricht, meint man in der Regel bestimmte, nach anderer Architektur als die herkömmlichen von-Neumann-Rechner aufgebaute Computer, bei denen jeder Prozessor mindestens zwei Nachbarn hat, mit denen er verbunden ist.

Die Literatur über die Grundlagenprobleme der parallelen Informationsverarbeitung ist in den letzten Jahren stark angewachsen, was auf ein Theoriedefizit in diesem Gebiet hinweist, das auch von allen Fachleuten konzediert wird (vgl. COY 1990).[1]

8.1.2 Hardwareentwicklung

Die Hardwareentwicklung schreitet relativ rasch voran, es kommen immer wieder neue Parallelrechner zu vergleichsweise günstigen Preisen auf den Markt. Für Superrechner über die CRAY hinaus scheint es keinen Markt zu geben.

---

[1] Grundlagen stellen McCLELLAND, RUMELHART (1986), HAKEN (1989), BOWLER (1989) und BAUER (1989) dar, Architekturen beschreiben ZUCKER (1989), FOX, MESSINA (1987), die Programmierung solcher Maschinen erörtert GELERNTER (1987), eine Übersicht geben INMOS (1988) sowie die Arbeiten von HERNANDEZ et al. (1988) und als frühes Standardwerk ist HILLIS (1985) zu nennen.

Im folgenden seien einige Anwendungen genannt, die denkbar sind oder schon realisiert werden.

Durch die parallele Bearbeitung wird für Echtzeitsysteme eine neue Einsatzmöglichkeit geschaffen. Gerade eine Real-Time-Betriebsdatenerfassung ist bei großen Produktionssystemen immer auf Schwierigkeiten gestoßen. Hier sind parallele Rechner denkbar, wenn auch nicht im Stile von Großrechnern, da diese für Produktionszwecke (vermutlich) zu teuer sind. Hier werden eher eine Reihe von Parallelrechnern verteilt arbeiten.

Bereits jetzt schon hat die Bildverarbeitung, Animation und Simulation durch parallele Rechner einen großen Aufschwung erfahren. Die Ergänzung der Simulation durch Animation erweitert die Nutzungsmöglichkeit der Simulation auch in Richtung auf didaktische Zwecke, da anschauliche bewegte Graphiken das Systemverstehen außerordentlich unterstützen können. Auch wird es möglich, durch Simulation und Demonstration dynamischer Vorgänge (z.B. Autounfälle) Experimente zu ersetzen.

Die ursprüngliche Domäne der Großrechner waren umfangreichste wissenschaftliche Berechnungen, z.B. großer Moleküle oder der Lösung umfangreicher Differentialgleichungssysteme. Ein Anwendungsbeipiel ist die Wettervorhersage.

Zentrale Erfassung von Bürodokumenten und CAD-Anwendungen sind weitere mögliche Einsatzgebiete von Parallelrechnern. Ebenso ist denkbar, daß auch die Implementation von Expertensystemen, die sehr schnell sein sollen und dabei eine umfangreiche Wissensbasis haben, angestrebt wird. Ein weiteres Beispiel stellt die Auswertung von Computertomographien und die Visualisierung ihrer Ergebnisse dar. Gerade in der Unfallchirurgie kommt es hier auf eine sehr schnelle Verarbeitung an.

Auf den folgenden Gebieten werden keine vernünftigen Anwendungen gesehen:

- Parallelrechner sind kein Ersatz für verteilte Systeme.
- Parallelrechner werden in Zukunft nicht als Zentralrechner für eine rechnerintegrierte Fertigung (Computer-Integrated Manufacturing = CIM) eingesetzt werden, da es für eine zentrale Behandlung der Rechnerintegration solcher Prozesse keine Theorie gibt.

Vorstellbar ist die Entwicklung von Parallelrechnern mit dedizierten Strukturen für spezielle Anwendungen wissenschaftlicher Art. Vorstellbar sind weiterhin die Implementationen von parallelen Wissensbasen auf einem Rechner, die entweder einander ergänzen oder antagonistisch arbeiten (nach Modellen der Spieltheorie). Vorstellbar ist ferner, daß sehr große Wissensbasen nicht nur nach dem Paradigma der sequentiell orientierten KI aufgebaut werden, sondern auch modellbasiert sind, d.h. sowohl Wissen aus der regelorientierten Darstellung als auch Wissen aus Simulationen und Berechnungen miteinander verwenden und verarbeiten.

Das eigentliche Problem bei Connection Machines, d.h. Rechnern mit einer großen Zahl parallel geschalteter Prozessoren, die zusätzlich untereinander verbunden sind, liegt in der geeigneten Software, die wiederum eine Theorie voraussetzt, wie komplexe Probleme in parallelen Strukturen dargestellt werden können. Diese Theorie gibt es erst in Ansätzen.[2] Neue Programmiersprachen werden folgen, Prototypen wie Parallel-FORTRAN, -C, -LISP, -PROLOG gibt es oder sind in der Entwicklung, werden aber noch als unbefriedigend empfunden (vgl. RUMELHART, McCLELLAND 1986). Wesentlicher Stolperstein ist die Entwicklung einer Logik paralleler Statements, die in einer gleichzeitigen Beziehung stehen. Es besteht der Verdacht, daß diese Logik eine Logik zeitlicher Aussagen voraussetzt, die ebenfalls nur in Ansätzen existiert (vgl. RESCHER 1981).

8.1.3 Anwendungen

Superrechner sind im Verhältnis zu ihrer Leistung teurer als übliche Großrechner, sie sind primär Forschungsgeräte. Die Vorstellung, daß man PCs als Pufferrechner an Superrechner anbindet, um die Superrechenleistung ubiquitär zu machen, setzt voraus, daß es einen allgemeinen Bedarf an einer solchen Rechnerleistung gibt. Dies gilt als zweifelhaft.

Die Schwierigkeiten der Softwareentwicklung, die Beschränktheit der bisherigen Theorie und die Tatsache, daß durch die fast ubiquitäre und billige Verfügbarkeit konventioneller Rechnerleistung die Superrechnerleistung in der Regel ersetzt werden kann, sofern es nicht um zeitkritische Probleme geht, wirken eher bremsend auf die Entwicklungsdynamik und den Markt für solche Rechner.

Es ist durchaus vorstellbar, daß kleinere Parallelrechner mit dedizierten Architekturen zum Einsatz kommen.

Sicher ist der Forschungsbedarf bei parallelen Rechnern, gerade was ihre Programmierung anbelangt, sehr hoch. Für eine Erforschung der Technikfolgen scheint noch kein dringender Bedarf vorhanden zu sein.

8.2 Neurobiologisch orientierte Rechnertechnik

8.2.1 Eigenschaften

Die Erforschung und das Design Neuronaler Netze stellen ein neues Teilgebiet der Künstlichen Intelligenz dar, das sich innerhalb der letzten Jahre stürmisch entwickelt hat und zu einem vieldiskutierten Thema im Kreis der KI-Forscher und der potentiellen Anwender geworden ist.

Die Entwicklung begann nach 1987. Es muß jedoch darauf hingewiesen werden, daß die ersten mathematischen Ideen zu Neuronalen Netzen bereits

[2] Diese Theorie kann nicht durch Versuch und Bewertung der eigenen Rechenergebnisse ersetzt werden, auch wenn man daraus viele Erkenntnisse für den Aufbau der Theorie gewinnen kann.

1943 von McCulloch und Pitts vorgestellt wurden und daß das Thema der assoziativen Netze, des Perceptrons und der Lernmatrix bereits intensiv in der kybernetischen Diskussion in den Jahren von 1965 bis 1975 erörtert wurde. Es gab 1970 auch die erste Hardware, die breiter bekannt wurde.

Die Wiederentdeckung der Neuronalen Netze geht auf die Initiative der Forscher im Umkreis der Künstlichen Intelligenz zurück. Mit Hilfe Neuronaler Netze versucht man, Systeme der Künstlichen Intelligenz zu schaffen, die auf dem Prinzip des menschlichen Lernens beruhen sollen.

Neuronale Netze haben deshalb besondere Eigenschaften, die bisher in anderen Bereichen der KI vermißt wurden und deren Fehlen dort oft zum Scheitern von KI-Anwendungen in der Praxis geführt haben. Beispiele für solche Eigenschaften sind:

- Lernfähigkeit,
- adaptives Verhalten,
- Fähigkeit zur Verarbeitung fehlerhafter und unvollständiger Informationen und
- massive Parallelität.

Die Erwartungen an Neuronale Netze sind sehr groß, und viele Experten sind der Meinung, daß sie sich in der Zukunft zu einer bedeutenden Technologie mit einem großen Spektrum an Anwendungsmöglichkeiten in vielen Bereichen entwickeln werden. Andere Experten bringen dagegen folgende Kritikpunkte ins Spiel:

- Die Neuroinformatik wird die Erkenntnisse nicht wesentlich bereichern, und sie wird zu keinen technisch verwertbaren Fortschritten führen.
- Die beispielhaften Anwendungen in der Mustererkennung sind nicht viel besser als solche mit algorithmischen Verfahren.
- Die Spracherkennung ist weniger weit fortgeschritten, als die Ankündigungen glauben machen wollen.
- Das Verhalten großer Neuronaler Netze ist theoretisch bis heute nicht verstanden.

Es existieren zur Zeit erst einige Paradigmen,[3] die auch angewendet werden. Zu nennen wären das Multi-Layer-Perceptron, die sogenannte Boltzmann-Maschine oder das Hopfield-Netz. Entscheidend für den Betrieb und das Verhalten des gesamten Netzes sind die Lernregeln, nach denen das Netz in der Lernphase arbeitet, z.B. die Hebb'sche Lernregel, die Delta-Regel, die Backpropagation (vgl. KOHONEN 1988, PALM 1988).

---

[3] Davon zu unterscheiden sind Algorithmen, d.h. Verfahren, die eine Berechnungsvorschrift im Sinne rekursiv berechenbarer mathematischer Funktionen darstellen. Paradigmen sind hier Regeln, nach denen das Neuronale Netz arbeiten soll. Die „Programmierung" Neuronaler Netze (nicht zu verwechseln mit der softwaremäßigen Implementierung auf einem herkömmlichen Rechner) wird noch kontrovers diskutiert.

Neuronale Netze werden zum einen durch Software auf herkömmlichen Rechnern implementiert, und hier ist die Entwicklung von Werkzeugen noch voll im Gange. Zum anderen gibt es bei der Hardwarerealisation von Neuronalen Netzen, die damit hochdedizierte Hardware darstellen, eine Reihe von Zugangsweisen, so z.B. die analoge und digitale Realisierung von Assoziativspeichern und Feedforward-Netzen, die optische Realisierung von Neuronalen Netzen oder VLSI-Realisationen. PC-Implementierungen, und damit im strengen Sinne Simulationen Neuronaler Netze, gehören wiederum zur softwaremäßigen Realisation.

Ein Forschungsthema besonderer Schwierigkeit stellt das Finden geeigneter Software(sprachen) und „Programmiersprachen" (soweit man hier noch von Programmieren sprechen kann) bei der hardwaremäßigen Realisierung von Neuronalen Netzen dar.

8.2.2 Das Spektrum möglicher Anwendungen

Man darf in Zukunft sicher verbesserte Lernalgorithmen erwarten, ja man kann sogar annehmen, daß der Begriff des Algorithmus hier nicht mehr anwendbar sein wird.

Es werden neue Neural-Net-Paradigmen (z.B. für probabilistische Netze, Fuzzy Networks) entwickelt werden. Neue Architekturen und damit verbundene Lern„algorithmen", z.B. beim Multi-Layer-Perceptron, bei dem mit mehr als 3 Schichten gearbeitet wird, sind zu erwarten. Es wird schnellere Versionen des Backpropagation-Algorithmus mit verbessertem Konvergenzverhalten geben.

Es ist denkbar, daß auch erweiterte dynamische Modelle für einzelne Neuronen entwickelt werden.

Es werden weiterhin verbesserte Software-Tools (Entwicklungswerkzeuge) erwartet, speziell hinsichtlich der Benutzerfreundlichkeit. Danach wird es in absehbarer Zeit Werkzeuge geben, die unerfahrenen Benutzern den Einsatz und das Design von Neuronalen Netzen erleichtern (z.B. automatische Wahl des Paradigmas, Anzahl der Knoten und verborgene Schichten (Hidden Layers)).

Es ist weiterhin mit der Entwicklung von Software-Tools zu rechnen, die Laufzeitversionen von Neuronalen Netzen zur Integration in herkömmliche DV-Umgebungen zulassen.

Dabei wird es zwangsläufig zu einer wie immer gearteten Kombination von Software-Entwicklungstools und Hardware-Beschleunigungsboards kommen müssen. Eine verbesserte VLSI-Technologie[4] würde dabei zu einer verbesserten Neural-Network-Technologie führen (z.B. größere Speicherkapazität von Assoziativspeichern, größere Neuronenzahl bei Multi-Layer-Perceptrons, schnellere Trainings- und Erkennungszeiten).

---

[4] VLSI = Very Large Scale Integration.

Auch sind Auswirkungen der oben diskutierten neuen Computerarchitekturen (parallele Rechner, Transputer) auf Neurocomputer zu erwarten, und es könnten sich interessante Wechselwirkungen ergeben.

Es werden sich Anwendungsfelder auf breiter kommerzieller Basis ergeben. Dazu gehören die optische oder phonetische Mustererkennung, die Sprachverarbeitung (Ein- und Ausgabe gesprochener Umgangssprache), die Bildverarbeitung, die fortgeschrittene Signalverarbeitung, die Sensor-Fusion, d.h. die Zusammenführung von Sensorsignalen zu einem alle Teilsignale repräsentierenden Signal wie auch die Datenkompression. Weitere Möglichkeiten werden darin gesehen, die Modellierung nichtlinearer Systeme zu unterstützen und adaptive Regelungen aufzubauen. Solche Modelle und Regelungen werden für die Robotik und die Qualitätskontrolle wichtig werden. Da das Neuronale Netz von sich aus einen Assoziativspeicher darstellt (vg. PALM 1988), sind auch die Verwendungsmöglichkeiten bei der Entscheidungsunterstützung oder in Kopplung mit Expertensystemen denkbar.

Damit dürften Neuronale Netze in allen Branchen der Produktion, der Dienstleistung sowie bei der Verwaltung Einzug halten, falls die Funktionalitäten sich als einsetzbar erweisen sollten.

Ein Mißbrauch der Technologie der Neuronalen Netze ist vergleichsweise einfach möglich, wenn man fertige Lösungen für ein Problem besitzt und die automatischen Lernfähigkeiten von Neuronalen Netzen dazu verwendet, um den Algorithmus mit anderen Daten zu trainieren. Der Mißbrauch ist dann wesentlich einfacher als beispielsweise bei einem Expertensystem, bei dem andere Daten auch andere Regeln und eine Neuimplementierung erfordern würden.

Beispielsweise kann eine Bank oder eine Versicherung, die ein Neuronales Netz zur Auswertung von Kundendaten verwendet, dieses System ohne großen Aufwand erweitern, um auf einfache Weise private Daten in die Verarbeitung mit einzubeziehen oder das System mit den Eingangsdaten auf andere Ausgangsdaten zu trainieren. Daraus werden sich Fragestellungen ergeben wie:

- Schutz von Daten gegen eine Auswertung, die Neuronale Netze nutzt,
- Formulierung von Lizenzen für Software für Neuronale Netze, die an Verwendung für bestimmte Daten gebunden sind,
- automatischer Schutz solcher Software gegen Datenmißbrauch.

8.2.3 Problemfelder

Die sich abzeichnende Verflechtung der Forschung von Neurobiologen, Physiologen, Physikern und Neuroinformatikern wird als ein eminent wichtiger Faktor angesehen. So wird die neurobiologische Forschung Einfluß auf die Architektur von Neuronalen Netzen nehmen.

Wenn dabei neue Modelle zur Beschreibung des dynamischen Verhaltens von Neuronen entstehen, werden auch neurobiologische Untersuchungen zur Entwicklung neuer Lernstrategien für Neuronale Netze führen.

Man kann fragen, ob Neuronale Netze andere traditionelle Techniken verdrängen, ergänzen oder völlig neue Möglichkeiten eröffnen werden. So gibt es Überlegungen, wonach Expertensysteme, die auf Neuronalen Netzen aufbauen, das Problem der automatischen Wissensakquisition lösen helfen könnten. Anwendungsfelder, welche besonders von Neuronalen Netzen beherrscht werden könnten, werden in der Robotik, der Bildverarbeitung und bei Expertensystemen vermutet. Ob sich dadurch Auswirkungen auf die Wettbewerbsfähigkeit der Unternehmen ergeben, ist eine verfrühte, aber nichttriviale Fragestellung. Welche unternehmensinternen Auswirkungen der durch Neuronale Netze möglicherweise erreichbare höhere Automatisierungsgrad z.B. auf Arbeitsteilung, Veränderung des Personals, Betriebssicherheit, Rationalisierung haben wird, ist ebenfalls noch völlig unsicher.

Die Theorie der Neuronalen Netze ist relativ abstrakt, und zum Verständnis der Funktionsweise von Neuronalen Netzen benötigt man bestimmte mathematische Grundkenntnisse und ein Abstraktionsvermögen, wie es normalerweise nur bei hochqualifizierten Naturwissenschaftlern und Ingenieuren vorhanden ist.

Möchte man ein Problem mit Hilfe von Neuronalen Netzen lösen, so benötigt man vertiefte Kenntnisse über Neuronale Netze, insbesondere für zwei Teilaufgaben:

1. Formulierung eines Problems, so daß es mit Hilfe von Neuronalen Netzen gelöst werden kann (z.B. wichtig bei Optimierungsaufgaben),
2. Auswahl eines geeigneten Paradigmas.[5]

Die Verbreitung von Know-how bei Neuronalen Netzen wird deshalb als schwieriger angesehen als beispielsweise bei Expertensystemen. Daraus ergibt sich ein Defizit an qualifizierten Fachleuten für Neuronale Netze.

Da das Wissen bei Neuronalen Netzen nicht explizit in Form von Regeln vorhanden ist, sondern implizit in Form von Gewichtungsfaktoren abgelegt ist, ist die Entscheidung eines Neuronalen Netzes praktisch nicht nachvollziehbar. Dies ist besonders problematisch im Fall von Expertensystemen, die durch neuronale Netze implementiert sind, da bestimmte Entscheidungsketten nicht wie üblich durch Backtracking der Regeln nachvollzogen werden können. Deshalb sind neuronale Netze nützlich für heuristische Aufgaben, bei denen sich das Ergebnis leichter verifizieren als finden läßt. Daraus ergeben sich die Fragestellungen:

- Ungenügende Transparenz und Kriterien für den Einsatz von Neuronalen Netzen
- Neue Bedingungen und Problemstellungen bzgl. Haftungsfragen und Verantwortbarkeiten.

So könnte die Entwicklung von neuen Netz-Architekturen zu einer verbesserten Transparenz des Wissens führen. Erste Ansätze für Expertensysteme

[5] Vgl. die Fußnote 3 in diesem Kapitel.

mit netzbasierten Wissensrepräsentationen und speziellen Inferenzmechanismen existieren bereits.

Die Tatsache, daß Neuronale Netze auf Analogien zu biologischen Grundlagen aufbauen und das Lernverhalten von Lebewesen künstlich nachvollziehen sollen, macht diese Technologie mehr als alle anderen KI-Technologien zu einem Gegenstand von ernsten Bedenken.

8.2.4 Themen für eine Folgenforschung

Daraus ergeben sich beispielsweise folgende Problemstellungen:

- Auswirkung der Kritik an Neuronalen Netzen auf deren Einsatz und Verbreitung (Modifikation von Technologien durch Meinungsdruck, vgl. auch SCHEUCH 1988)
- Aufteilung der Forschung bei Neuronalen Netzen in Bereiche, die hinsichtlich der Beeinflussung menschlicher Entscheidungen unkritisch sind (z.B. adaptive Regelung, Datenkompression, Sensor-Fusion u.a.) und kritischer Bereiche und entsprechend unterschiedliche Förderung
- Abgrenzung kritischer Bereiche (Decision Support, Kreditbeurteilung, Kundenanalyse, Expertensysteme, sozialer Einsatz und präventiver Einsatz zur Verbrechensbekämpfung).

Diese Themenliste ist natürlich nicht vollständig. Trotzdem scheint eine intensive Technikfolgenforschung mit der Fragestellung

> Technikfolgenabschätzung über die Auswirkungen des Einsatzes Neuronaler Netze in Produktion, Dienstleistung und Verwaltung bei entscheidungsrelevanten Prozessen

höchst dringlich. Die besonderen Eigenschaften, die hohen Erwartungen und die vielfältigen Anwendungsmöglichkeiten machen die Neuronalen Netze zu einem äußerst interessanten Thema für eine Technikfolgenabschätzung. Folgende Fragestellungen lassen sich angeben:

- Entwicklungsstand der Neuronalen Netze,
- Entwicklungen im Bereich der Neurobiologie, die einen Einfluß auf die weitere Entwicklung der Neuronalen Netze haben werden,
- Entwicklung neuer Algorithmen oder Paradigmen,[6]
- neue Entwicklungen bezüglich der Implementierung,
- Stand und Weiterentwicklung der Anwendungen von Neuronalen Netzen,
- Qualifizierungsprobleme,
- Transparenz des in Neuronalen Netzen vorhandenen Wissens,
- Auswirkung auf das Selbstverständnis des Menschen,
- Mißbrauch der Technologie der Neuronalen Netze.

[6] Vgl. Fußnote 3 in diesem Kapitel.

Jenseits dieser Fragestellungen fällt jedoch auf, daß durch die Unterscheidung zwischen Algorithmen (im Sinne der Berechenbarkeit) und der Paradigmen der Neuronalen Netze (im Sinne der Regeln, nach denen Prozesse im Netz ablaufen *können*) die Frage nach der Programmierbarkeit und damit der vorherbestimmten Verfügungsmöglichkeit über Maschinenfunktionen erneut aufgeworfen wird. Diese Möglichkeit ist direkt abhängig von den Funktionalitäten, die eine Software erfüllen soll und kann – und damit erweist sie sich als abhängig vom Gestaltungsprozeß selbst. Auf dieses Problem soll im nächsten Kapitel eingegangen werden, wobei wir zur Vereinfachung die Programmierprobleme für parallele Rechner und Neuronale Netze ausklammern.

9. Das Problem der Softwaregestaltung

9.1 Entwicklung von Software

Die Entwicklung von Software wird als ein Prozeß aufgefaßt, der immer modellbasiert abläuft. Reine Software wird entwickelt, um ein ganz bestimmtes Problem oder häufiger eine Problemklasse zu lösen. Diese Lösung setzt eine gewisse formale Beschreibung voraus, die dem formalen Aufbau von Prozessoren und Programmiersprachen entspricht.

Die Weise, wie ein Problem gelöst wird, d.h. wie man zu einem Verfahren gelangt, ist abhängig von der Sichtweise des Problemlösers, bzw. von seiner modellhaften Vorstellung des Gegenstandsbereichs, in dem das Problem liegt. Dieses Modellverständnis ist implizit auch immer ein Modellverständnis des Verhältnisses von Mensch und Maschine und der zugehörigen Schnittstelle.[1]

Die Weise, wie ein Problem gelöst wird, hat Auswirkungen darauf, wie in dem Bereich, in dem das Problem liegt, z.B. in der Arbeitswelt, Gestaltungen möglich sind, d.h., daß die Weltsicht des Softwareherstellers den Bereich, in dem sie verwendet wird, implizit mitgestaltet. Damit konstruiert und rekonstruiert Software soziale Wirklichkeit. Diese Sichtweise wird von vielen Informatikern geteilt.

Partizipative Systemlösung, das heißt Mitwirkung bei der Gestaltung von Software durch die Betroffenen, ist deshalb eine naheliegende Forderung, die auch immer wieder erhoben wird.

Das Gesagte gilt in verstärkter Weise für die Tools, also die Entwicklungswerkzeuge. Es ist aus der Lernpsychologie, aber auch als nachvollziehbare Alltagserfahrung bekannt, daß die Art und Weise, Probleme zu lösen, davon abhängt, welche Werkzeuge und welches begriffliche Instrumentarium zur Verfügung stehen. Dabei überformt die Begrifflichkeit das gefundene Modell.

Für den Verwender von Entwicklungswerkzeugen (Tools) bei der Softwareentwicklung ist es daher naheliegend, das Problem „in terms of the available tool“[2] zu modellieren. Dieses Vorgehen kann man auch in Wissenschaft und Forschung immer wieder leicht aufspüren. Hängt nun die entstehende

[1] Vgl. FLOYD (1987, 1988, 1990). P. NAUR (1984) nennt „Programming as a Theory Building“.

[2] „in Begriffen des vorhandenen Werkzeugs“.

Software in dieser Weise von dem Modell und vom Werkzeug ab, dann gilt das Argument für die Gestaltung von Realität in der schlagwortartigen Verdichtung um so mehr: „Nenne mir dein Tool, und ich will dir sagen, wie du die Welt gestaltest."

Dieser Einfluß sollte näher erforscht werden, da es für Entwicklungswerkzeuge und vorgefertigte Softwarelösungen einen sehr breiten und heiß umkämpften Markt gibt.

Auch für die Methodik des Programmierens gibt es so etwas wie einen Markt. Die Softwareergonomie (vgl. z.B. FÄHNRICH 1988) zeigt, daß es bei der Anpassung der Entwicklungsumgebung an die Bedürfnisse des Programmierers oder Bedieners nicht nur auf die rein kognitiven Eigenheiten des Menschen ankommt, sondern auch auf eine „Vortheorie" über den Gegenstandsbereich. So unterliegt beispielsweise werkstattorientiertes Programmieren (WOP) anderen immanenten, also gegenstandsorientierten Gesetzlichkeiten als das Programmieren eines Flugpassagier-Abfertigungssystems.

Die Entwicklung der KI-Instrumentarien könnte man auch als eine Antwort auf die Softwarekrise ansehen (vgl. RADER 1990), aber die Organisationsweisen der Softwareherstellung hinken hinter den formalen Entwicklungen her. Die Krise verschärft sich dadurch, daß die bisherigen Formen immer noch weitgehend taylorisiert, also hoch arbeitsteilig, abgewickelt werden. Auch die Tools unterstützen nach Auffassung vieler Fachleute diese Organisationsform. Es ist demnach nicht verwunderlich, daß sich in den Problemlösungen, die softwaretechnisch angeboten werden, diese Formen der Taylorisierung zu einem gewissen Grad wiederfinden.

9.2 Typologien

Die Anforderung an einen „reproduzierbaren", nachvollziehbaren Programmierstil ist schon sehr früh erhoben worden – dies hat in den 70er und zu Beginn der 80er Jahre zu den Lehrbüchern über strukturiertes Programmieren geführt. Das hat aber die schon damals existierende Softwarekrise nicht beheben können. Die Forderungen nach Pflichtenheften, Verifikationsmethoden und nach einem modularen Aufbau von Softwarelösungen gilt zwar als hilfreich, insbesondere bei Diskussionen um die Produzentenhaftung, sie kann aber die Tatsache nicht verdecken, daß Software zu etwa 90% aus Definitionen besteht, die nach Zweckmäßigkeit und nicht nach Gesetzmäßigkeiten aus dem Gegenstandsbereich festgelegt werden.

In der Softwaregestaltung ist alles möglich, was formal möglich ist und ein gestelltes Problem befriedigend löst. Dieser Umstand führt zwangsläufig wegen der vielen Freiheitsgrade der Gestaltung zur Bildung verschiedener Schulen, Paradigmen, Programmierstile und dergleichen, die mangels eines geeigneten Kriteriums (außer dem wirtschaftlichen Erfolg) mit wissenschaftlichen Methoden kaum zu vergleichen und zu bewerten sind.

Es ist immer erst im Nachhinein möglich, den Aufstieg und Fall solcher Schulen und Stile nachzuzeichnen - es scheint jedoch lehrreich zu sein, die Determinanten der Softwareentwicklung näher zu untersuchen.

Die Entwicklung der Entwicklungswerkzeuge hat stark zugenommen, ebenso wird zunehmend für bestimmte Bereiche, z.B. der Produktion, eine ganze Palette von Entwicklungsumgebungen (sog. Tool Kits) angeboten (vgl. SELIGER 1990).

Eine Analogie zu den Gestaltungsprinzipien bei Software kann man in der Gestaltung von Photoapparaten und deren Benutzerschnittstellen finden. Die Funktionalität des Photographierens kann man mit einer vollautomatischen, narrensicheren Taschenkamera oder mit einer hochprofessionellen Kamera realisieren. Bei beiden wird eine für bestimmte Zwecke und Bedürfnisse ausgelegte Schnittstelle zwischen Gerät und Benutzer festgelegt. Analog dazu kann die Schnittstellengestaltung beim Rechner oder bei rechnerunterstützten Arbeitssystemen ausgelegt werden. Die Schnittstellen unterscheiden sich durch bestimmte Eigenschaften, wie sie in Tabelle 9.1 dargestellt sind.

So erlaubt die Profiausführung, alle Parameter des Systems zu verändern, während die vereinfachte Version nur wenige Variationen erlaubt. Daher ist der mögliche Automatisierungsgrad bei solchen professionellen Systemen gering, während sie bei simplen Benutzeroberflächen sehr hoch sein kann. Entprechend ist die erforderliche Qualifikation und Kompetenz zur Bedienung oder Anwendung hoch oder gering. Durch die Variabilität wird beim professionell ausgelegten System das Anwendungsspektrum breit, beim vereinfachten System bleibt es schmal. Allerdings sind die Systeme mit komplexen Benutzeroberflächen hinsichtlich ihrer Fehlerfreundlichkeit, d.h. die Fähigkeit, trotz Fehlbedienung eine Restklasse von Funktionen zu realisieren, recht empfindlich, die Systeme mit einfachen Benutzeroberflächen können wir dagegen in dieser Hinsicht als robust bezeichnen.

Tabelle 9.1. Unterscheidungsmerkmale bei Software

	Ausführung für Profis	einfache Bedienung
Parameterfreiheit	alles einstellbar	Zwangsfunktionen
Automatisierungsgrad	gering	hoch
Bedienerkompetenz	hoch	gering
Anwendungsspektrum	breit	schmal
Fehlerfreundlichkeit	empfindlich	robust

Solche Zugangsweisen sind für die Softwaregestaltung, je nach Problemlage, möglich und nützlich.

Die Produktlebensdauer der Softwareentwicklung nimmt ab, die der Hardwareentwicklung nimmt zu. Deshalb strebt man nach einer Automatisierung der Softwareherstellung.

Das „Ertrinken in der Fülle der Einzellösungen" wird dazu führen, in einem Schichtenmodell zwischen der Einzelanwendung und brancheninvarianten Problemlösungstypen branchenspezifische Zwischenschichten einzuführen. Dies setzt ein mehrstufiges Programmieren voraus, wobei auf einzelnen Stufen durchaus vorhandene Tools genutzt oder vorhandene Module eingesetzt werden können.

Software wird zunehmend „gekapselt" geliefert als ein Modul mit definierten Schnittstellen zu anderen Modulen und festgelegten Funktionalitäten. Diese Module werden bei der Entdeckung von Fehlern ausgetauscht, ähnlich der Instandsetzung bei Hardware.

Solche Software-Module sind denkbar in folgenden Bereichen:

- Computer Based Training (CBT) (einschl. einer verkapselten Wissensbasis, die aus kommerziellen Gründen nicht gepflegt, sondern im Abonnement ausgetauscht werden soll),
- Tools für Lehrende im CBT-Bereich,
- Shells für Expertensysteme,
- Bausteine für CAD-CAM und andere CIM-Komponenten,
- Wissensbasen im Diagnosebereich.

Dies könnte zu überbetrieblichen Standardisierungen führen, ohne daß dies durch politische Willensbildung in Normenausschüssen angestrebt worden wäre.

Angestrebt wird nach Aussagen von Fachleuten ein generisches Tool, also ein Werkzeug, das die Erzeugung von Software vereinfacht, automatisiert und auf einer problemspezifischen Beschreibungsebene unabhängig vom jeweiligen Programmiersystem handhabbar sein soll.

Die Prüfung und Verifikation so erzeugter, u.U. schon beim Entstehungsprozeß gekapselter Programme, der Schutz der erzeugten Software vor mißbräuchlicher Verwendung (Gebrauchsmusterschutz, Urheberrecht, Warenrecht, Nutzungsrecht, Patentrecht, Softwarevertragsrecht) – diese Probleme bleiben auch bei durch Tools erzeugten Softwarepaketen bestehen.

Allgemein läßt sich feststellen, daß gerade bei sehr komplexen Problemen das „Höher, Schneller, Besser" der Rechnerleistung oder des Softwareumfangs nicht viel nützt. Das gilt auch für viele andere Probleme. Die bisherigen Programmiersprachen – dies gilt auch für die vergleichsweise neuen Sprachen der KI – sind orientiert nach dem Muster der Aussagenlogik oder einer erweiterten Klassenlogik (vgl. RADERMACHER 1990). Um komplexe Probleme zu lösen, wird man auf neue Logiken stoßen müssen, die „mächtiger" sind. Diese Suche wird als lohnend beschrieben.

9.3 Auswirkungen von Softwaregestaltung

Als entscheidender Faktor wird bei der Entwicklung von Softwaretools ein Problemlösungs- oder Anwendungsstau konstatiert, der dazu führt, Programmierarbeiten und Systemarbeiten auch durch Nicht-Programmierer durchführen zu lassen. Darunter sind Fachleute zu verstehen, die sich im Gegenstandsbereichs eines Problems gut auskennen, aber nur rudimentäre DV-Kenntnisse haben. Ein Auslöser ist hierbei demnach der Wunsch nach einer extremen Programmiervereinfachung.

Ein weiterer Faktor, der die Beeinflussungskette von

- vorhandenem Entwicklungswerkzeug,
- dem Modell der Realität, das der Softwaregestalter hat,
- der Software- und Systemlösung und
- der Gestaltung der Realität

berührt und verändert, liegt im Zusammenwirken der strukturellen, gesellschaftspolitischen, ökonomischen und sozialen Hintergründe der zugehörigen Technikentwicklung überhaupt. Ein rein kausal orientiertes Verständnis würde der Erforschung dieser Auswirkungen und Beeinflussungen nur im Wege stehen (vgl. LUTZ 1989).

Aus dem oben Gesagten sind als mögliche Auswirkungen der Softwaregestaltung zu nennen:

- Beeinflussung der Organisationsformen, Arbeitsinhalte und -strukturen durch die Wahl der gekauften, bezogenen Software oder durch die Wahl der bei der Herstellung verwendeten Tools
- Beeinflussung der sozialen Realität durch Marktsegmentierung, Monopolisierung oder Diversifizierung für Software, Tools und Entwicklungswerkzeuge
- Beeinflussung des öffentlichen und privaten Wissensmanagements durch Einfluß auf die Benutzung von Entwicklungswerkzeugen für die wissensbasierte Informationsverarbeitung
- Zwangsweise Übernahme bestimmter Systemlösungen durch Betriebe, die mit anderen Betrieben in einem Abhängigkeitsverhältnis stehen, und die Konstitutierung solcher Abhängigkeiten
- Standardisierung von Dienstleistungsangeboten durch Standardisierung der dazu gehörenden Software und dadurch eine Einschränkung der Vielfalt
- Weitere Technisierung in Administration und Gesundheitswesen durch genormte Softwarelösungen für bestimmte Bereiche
- Antizipation von Leitbildern und Auswirkung dieser Leitbilder auf die Softwaregestaltung
- Klassifikation und Bestimmung der Auswirkungen bestimmter Programmierstile und -philosophien (auch Mentalitätsfragen)

- Effekte der Vorwärtsverstärkung durch die Nutzung gleicher Software mit gleichem Ziel durch mehrere konkurrierende, aber gekoppelte Benutzer (Beispiel Börsenkrach)
- Notwendigkeit oder Möglichkeit des Benutzers in der Produktion, sich seine Werkzeuge (sprich softwaretechnischen Lösungen) selbst zu bauen
- Einfluß von Leitbildern, pädagogischen, didaktischen und philosophischen Vorstellungen auf die Gestaltung von CBT-Systemen (Computer Based Training).

Die besonderen und verallgemeinerbaren Auswirkungen der Software und ihrer Gestaltungs- und Herstellbedingungen machen die Softwareentwicklung zu einem vordringlichen Thema für eine Technikfolgenabschätzung. Die schon vorhandenen Untersuchungen dürfen nicht darüber hinwegtäuschen, daß die Zusammenhänge noch nicht voll verstanden sind (vgl. LANGENHEDER et al. 1982, NEFIODOW 1984, 1990).

Empfohlen wird ein Technikfolgenabschätzungsprojekt mit der Fragestellung über die Auswirkungen der Prinzipien, Methoden und Modelle bei der Herstellung von Entwicklungsumgebungen und -werkzeugen für Softwareerstellung und der Softwareerstellung selbst auf die technologische, soziale und individuelle Gestaltung von Arbeitsorganisation, -strukturen und -inhalten in Produktion, Dienstleistung und Verwaltung.

Das läßt sich auf die Fragestellung zuspitzen:

> Wie wirken sich die theoretischen, praktischen und methodischen Voreinstellungen bei der Softwareentwicklung und die Paradigmen der verfügbaren Softwareentwicklungswerkzeuge auf die softwarebasierte Problemlösung und die Gestaltung der dazu gehörenden technischen, organisatorischen und sozialen Realität?

Der Einfluß auf technische Gestaltung und administrative Abläufe ist, auch gerade dann, wenn sie gesellschaftspolitisch umstrittene Bereiche tangieren, als eine zu erforschende Technikfolge anzusehen.

Da die Softwareauswahl bestimmt wird durch

- den Problemtyp (mittelbar),
- die kommerzielle und organisatorische Verfügbarkeit,
- die technische und intellektuelle Beherrschung,
- die Marktinformation und manchmal Desinformation,

gilt dies auch für die Entwicklungsumgebungen sowie für höhere Sprachen (z.B. die Sprache CHILL), in welchen zum Beispiel Kommunikationsrechner programmiert und damit ihre Funktion und Arbeitsweise in einer Organisation festgelegt werden.

Damit würde sich dann auch die Frage nach den selektiven Benutzergruppen, den Folgen einer Auswahl der Tools und Softwarepakete im produktiven, administrativen (gerade auch gesundheitlichen) und sozialen Bereich stellen.

9.4 Bemerkungen zur Hardwaretechnologie

Unter dieser Technologie seien die Entwicklungen der Hardware bei Rechnern und Speichern verstanden. Es gibt eine Reihe neuer Entwicklungen auf diesem Gebiet, von den sog. optischen Speichern (z.B. die Bildplatte, die durch einen Laserstrahl abgetastet wird), Festkörperspeichern (hier ist der Megabit-Chip als Beispiel zu nennen) bis zu Speichertechnologien mit magnetischen Flüssigkeiten und anderen mehr (vgl. auch SPRUTH 1989).

Über die Entwicklungsgeschichte der Speichertechnologie berichten ausführlich KIRCHNER (1988) und MEINDL (1987). Die Speichertechnologie in ihrer jetzigen Form hat die Möglichkeiten der ubiquitären und billigen Rechnerleistung erst möglich gemacht, wäre also ein klassisches Thema für Technikfolgenabschätzung in den 50er und 60er Jahren gewesen.[3]

Die Faktoren, die zur Erhöhung der Speicherdichten führen, sind produktionstechnischer und wirtschaftlicher Art (vgl. HILBERG 1986). Die enormen Erhöhungen der Speicherkapazitäten haben mit zu dem Preisverfall der Rechnerleistungen geführt. Dieser Preisverfall wird vermutlich noch eine gewisse Zeit anhalten.

SPRUTH (1990) nimmt an, daß man bis zum Jahre 2010 etwa an die Grenzen der physikalischen Machbarkeit bei der jetzigen Speichertechnologie stoßen wird.

Es wird jedoch immer wieder darauf hingewiesen, daß die noch möglichen Steigerungsfaktoren lediglich quantitative Veränderungen der potentiell speicherbaren Informationsmenge und der Zugriffsgeschwindigkeit implizieren, nicht jedoch zwangsläufig eine erhöhte Problemlösungsfähigkeit der Rechner damit einhergehen müsse. Das Basisproblem der Informations- und Datenverarbeitung wie auch der Kommunikation ist nicht die Bewältigung riesiger Daten- und Informationsmengen durch Speicher- und Verarbeitungskapazität, sondern durch das Verstehen und Beherrschen der Komplexität.

[3] Hier wäre ein retrospektiver Vergleich der damaligen Aussagen, z.B. des Zukunftsforschungsinstituts von H. KAHN, mit der heutigen Entwicklung sehr reizvoll (vgl. KAHN, WIENER 1967).

10. Kommunikation und Kompetenz

Die Diskussion der Entwicklungen der einzelnen Techniklinien ist in den vorangegangenen Kapiteln sicherlich unvollständig und eher enumerativ ausgefallen. Es läßt sich jedoch ein weiterer gemeinsamer Problemkreis herausschälen: Gestalten von technischen Systemen, Arbeiten in und mit diesen Systemen sowie das Bewältigen von Folgen solcher Systeme setzt gerade wegen der Informations- und Kommunikationstechnik Wissen und Fertigkeiten voraus, die bisher nicht gefordert wurden.

So haben die vorangegangenen Kapitel die Wichtigkeit der Kompetenz und Qualifikation zuerst einmal vorausgesetzt, denn eine Weiterentwicklung der Technik ohne eine Weiterentwicklung der Kompetenz von Hersteller und Benutzer ist wohl nicht denkbar.

Im diesem Kapitel sollen die Erfordernisse, die aufgrund der Informations- und Kommunikationstechnik auf alle Beteiligten im Wirtschafts- und Produktionsprozeß herangetragen werden, näher betrachtet werden.

Diese Erfordernisse sind einerseits eine Folge der Gestaltung von Technik, umgekehrt aber auch eine Voraussetzung, diese Technik so gestalten zu können, daß sie im Rahmen erkennbarer Systemgesetzlichkeiten, organisatorischer Zwänge und wünschbarer Funktionalitäten den damit Umgehenden den Freiraum schafft oder beläßt, so daß sie verantwortlich handeln können.

10.1 Arbeit und Kommunikation

Die gesellschaftliche und technische Entwicklung der letzten 30 Jahre läßt sich mit den beiden Schlagworten „Krise der Arbeitsgesellschaft“ und „Informatisierung“ kennzeichnen. Beide umschreiben einen Umbruch, der sich auf die Gestaltung, Ausübung und Folgen der menschlichen Arbeitstätigkeiten auswirkt und der zur rechtzeitigen Anpassung unserer Auffassung über den Wert und den Sinn der menschlichen Arbeit führen muß, wollen wir nicht mit anachronistischen, früher quasi optimalen Verhaltensweisen nunmehr unter geänderten Bedingungen scheitern.

Die Krise der Arbeitsgesellschaft wird als ein Abschied von der Arbeitsgesellschaft erlebt: Den Industrieländern geht, so scheint es, die Arbeit aus. Die veränderte Haltung gegenüber der Arbeit ist aber nicht so sehr ein Ausdruck unserer Verhaltensänderung gegenüber wirtschaftlichen Vorgängen oder geänderten Verhaltensmustern für die Identitätssuche, sondern die Folge von ökonomischen Änderungen der Verhältnisse selbst. Wie DAHRENDORF (1982) ausführte, greift die These von der Vernichtung der Arbeitsplätze durch die Technik (Mikroelektronik, Rationalisierung durch Vernetzung etc.) zu kurz: Es ist zwar so, daß diese geänderten Technologien Arbeitskräfte freisetzen, andererseits ist die „Technik ... längst eher Folge als Ursache sozialer Entwicklungen (geworden), Teil der Produktionsverhältnisse".

Die Diskussion um die Bedeutung der Arbeit ist seit einigen Jahren intensiver geworden. Gerade nach den politischen Ereignissen von 1989 erscheint eine Neubestimmung notwendig, die nunmehr ohne gegenseitigen Rechtfertigungsdruck oder Ideologieverdacht geführt werden kann. Hinzu tritt die Notwendigkeit, einen adäquaten Arbeitsbegriff für das Verstehen der Veränderungen in unserer Arbeitswelt zu haben.[1]

Die „Informatisierung der Gesellschaft", wie ein damals noch zu wenig beachtetes Buch von S. NORA und A. MINC (1979) heißt, ist zwar erst durch die Produkte der modernen Informationstechnologie möglich geworden. Gleichzeitig verändert aber die Informatisierung auch die Arbeitswelt, indem sie nicht nur eine Verschiebung der Produktivkräfte unserer Volkswirtschaft in den Dienstleistungssektor beschleunigt, sondern auch die für geänderte Formen der Arbeitsgestaltung, der Arbeitsplätze und der Arbeitsinhalte notwendige Steuer- und Kontrollinformation bereitstellen hilft, und dies bei einem weiteren Preisverfall.[2]

Das bedeutet, daß die Information immer wichtiger für die menschliche Arbeit wird – dies geht sogar soweit, daß unter Umständen der Transport von Produkten durch die Übertragung genau der Information ersetzt werden kann, die dann dazu benutzt wird, um die Herstellung von solchen Produkten an einem anderen Ort mittels einer steuerbaren Maschine billiger zu bewerkstelligen.

Man kann sich die Wechselwirkung zwischen technologischer Entwicklung und der Arbeitswelt als durch folgende Faktoren geprägt vorstellen:

– Durch die Verlagerung des Arbeitsinhalts von der Produktion auf Dienstleistungen (Bürobereich, Überwachung von Prozessen, Informationsbereitstellung etc.) wird eine Informatisierung der Arbeit sichtbar, die die Überlegung aufkommen läßt, wonach Information als weiterer Produktionsfaktor neben Bodenschätzen, Kapital und Arbeit angesehen werden müßte.[3] Allerdings ist die Charakteristik dieses Produktionsfaktors eine

[1] Vgl. hierzu SCHUBERT (1986); BULLINGER, KORNWACHS (1986), MENNE (1987), HUND (1991).

[2] Dabei ist die Miniaturisierung nicht die einzige Ursache dieses Preisverfalls; ökonomische Überlegungen legen eine weitere Integration von Funktionen pro elektronischem Bauteil (Chip) nahe (vgl. auch HILBERG 1986, KIRCHNER 1988).

[3] Vgl. BULLINGER, KORNWACHS (1986). Der Begriff „Produktionsfaktor" ist in diesem Zusammenhang allerding umstritten, da die „Information" dabei einen nicht ausgeführten Begriff darstellt. Gelegentlich hat man auch den Eindruck, daß

gänzlich andere, als man dies bisher gewohnt war: Die monetäre Bewertung und Quantifizierung der Entstehung, Erstellung und des Erwerbs von Information, die Kosten-Nutzen-Relation beim Gebrauch sowie die rechtzeitige Verfügbarkeit verlangen andere Kategorien der Wirtschaftlichkeitsbetrachtungen als bisher.[4]

- Es wird versucht, die Trennung von Kopf- und Handarbeit als nicht erst durch den Taylorismus eingeleitete Entwicklung in allen Bereichen rückgängig zu machen.[5] Gleichzeitig beginnt die Schere zwischen hochqualifizierter Arbeit und unterqualifizierter Arbeit immer weiter auseinanderzuklaffen,[6] wobei eine Aufhebung der Dichotomie zwischen Produktivität und Beschäftigung nicht absehbar ist. Dies führt einerseits zu einer Verdichtung der Arbeitsinhalte und -intensität, andererseits zu einem Verlust von solchen Arbeitsplätzen, deren Aufgaben in das Tätigkeitsspektrum andere Arbeitsplätze integriert werden können. Diese Entroutinisierung wird durch die Informations- und Kommunikationstechniken unterstützt.[7]
- Die zunehmende Mechanisierung, Automatisierung und Informatisierung der geistigen Arbeit hilft bei dieser Entwicklung beschleunigend mit.[8] Unter Mechanisierung der geistigen Arbeit wollen wir hier die Ersetzung von repetitiven Entscheidungsvorgängen durch Maschinen verstehen. Die Automatisierung der geistigen Arbeit kommt durch eine Unterstützung von einzelnen Entscheidungsvorgängen durch rechnererzeugte Informationen zustande. Diese Information hat den Effekt der Reduktion von Komplexität. Die Informatisierung der geistigen Arbeit ist demnach dadurch gekennzeichnet, daß die Quelle für die Findung von Entscheidungsmethoden selbst wieder aus rechnerunterstützten Informationen und Verfahren besteht.
- Die gegenwärtig zu beobachtende Arbeitslosigkeit war strukturell und keine ausschließliche Folge der periodischen Schwankungen, denen wirtschaftliche Systeme unterworfen sind. Diese strukturelle Arbeitslosigkeit, die mit den saisonalen und konjunkturellen Schwankungen überlagert ist,

„Information als Produktionsfaktor" als innerbetrieblicher Kampfbegriff auftritt, der sich wegen seiner Vagheit gut zur Verwendung in diesem Kontext eignet.

[4] Zur Informationskostenrechnung vgl. KORNWACHS (1984).

[5] Vgl. SCHUMANN et al. (1989).

[6] Zu dieser These hat es eine umfangreiche Kontroverse gegeben (vgl. GOTTSCHALCH, OHM 1977).

[7] Vgl. hier auch die Ergebnisse der Fördermaßnahmen des Bundesministeriums für Forschung und Technologie im Programm der Bundesregierung „Humanisierung des Arbeitslebens".

[8] Unter geistiger Arbeit wird angesichts der Informations- und Kommunikationstechniken nicht mehr nur die „Nicht-Handarbeit" verstanden, sondern die Erzeugung, Beschaffung, Verwendung und Pflege von Daten und Informationen, die darauf basierenden Fälle von Entscheidungen und deren Begründungen sowie die dazu gehörenden Handlungen im Rahmen von Kommunikation und Kooperation (vgl. hierzu auch KERN, SCHUMANN 1985).

beruht nicht nur auf einem (einmal in der Zukunft dann abgeschlossenen) Strukturwandel bei Branchen und auf den geänderten Qualifikationsanforderungen, sondern auch auf den Schwankungen des Arbeitsmarkts, die prinzipiell auftreten, wenn man ihn nicht zu stark reguliert, und auf die in der Zeit veränderliche Bereitschaft der Arbeitnehmer zur Mobilität und Aufgabe von festgefügten Berufsbildern.[9] Das bedeutet, daß diese Arbeitslosigkeit prinzipiell nicht durch einen wie auch immer gearteten Wiederaufschwung beseitigt werden kann und daß sie auch nicht durch vorübergehende demographische Entwicklungen verschwindet.[10] Obwohl es viel zu tun gibt, gibt es für zunehmend weniger Menschen interessante und gut bezahlte Aufgaben.[11]

- Neue Technologien ermöglichen eine individuelle und kollektive Kontrolle des Leistungs- und Arbeitsverhaltens,[12] was die Konflikte zwischen Arbeitgeber- und Arbeitnehmerinteressen in nicht voraussehbarer Weise dynamisieren kann – eine Aufhebung des Grundwiderspruchs zwischen Kapital und Arbeit ist davon jedenfalls nicht zu erwarten. Dies dürfte auch nach dem Zusammenbruch des in Osteuropa praktizierten Staatssozialismus gelten.
- Ressourcenmangel, irreversible Umweltschäden, eine weitgehende Umorientierung von Wertevorstellungen bezüglich des Charakters einer Erwerbs- und Leistungsgesellschaft führen zu einer Sinnkrise der Arbeit. Das heißt, daß es zunehmend für die Sinnhaftigkeit des Arbeitsinhalts – außer der Entlohnung – in einem Lohnabhängigkeitsverhältnis massive Defizite für die Begründung gibt[13] und daß man erst allmählich versucht, diese zu beheben.
- Die noch weiter zu erwartende Universalisierung und Standardisierung der Arbeitsmittel zur Realisierung von Produktion und Dienstleistung (z.B. Roboter in Modulbauweise, frei progammierbare Produktionsmaschinen, Netze mit programmierbaren und parametrisierbaren Endgeräten) führt ungewollt den Taylorismus auf einer höheren Ebene wieder ein und zersplittert abermals das Verhältnis des Produzenten zu seinem Produkt.

---

[9] Vgl. hierzu auch MÜNNICH (1986).

[10] Vgl. den Aufsatz von BIRG (1989).

[11] Die Arbeitslosigkeit in den fünf neuen Bundesländern ist von anderen Faktoren verursacht und beeinflußt und soll im Rahmen dieser Argumentation nicht näher behandelt werden.

[12] So zeigte NOBLE (1981), daß die technischen Entwicklungsentscheidungen bei den NC- und CNC-Maschinen immer in die Richtung gefällt wurden, die bei der Gestaltung der Mensch-Maschine-Schnittstelle dem Systembetreiber eine Zunahme der Kontrollmöglichkeiten über den Maschinenbediener ermöglichte.

[13] Als Anzeichen für diese Behauptung sind zu nennen das Aufkommen der Schattenwirtschaft (gerade in den südlichen EG-Ländern), die zunehmende Verknüpfung von Abeitszeitmodellen, Entlohnungssystemen und Qualifizierungsangeboten bei Tarifverhandlungen oder auch die Verschiebung der Kriterien für akzeptable Arbeit – „Sinnhaftigkeit der Arbeit" rangiert auf dem ersten Platz noch vor der „Entlohnung" (vgl. auch KRINGS 1986).

Aus dem eben Aufgezählten folgt, daß es eine nur durch wenige Faktoren bestimmbare Strategie der Technologieeinführung und des Technologiemanagements für Betriebe nicht geben kann. Ebensowenig ist jedoch eine generalistische Improvisationskunst gefragt, weil sie, trotz schneller Erfolge, langfristige technologische und organisatorische Entscheidungen nicht hinreichend und befriedigend vorzubereiten und zu begründen vermag. Gefordert wird vielmehr ein auf interdisziplinärer Grundlage aufbauendes Systemverstehen, das die politischen, sozialen und menschlichen Implikationen eines Technologie- und Informationsmanagements als Herausforderung für eine Neugestaltung unserer Arbeitswelt begreift.

Die Komplexität der Wechselwirkung zwischen der Arbeitswelt und der Technologie wird jedoch noch dadurch erhöht, daß sich durch die Ereignisse im Herbst 1989 und der nachfolgenden stürmischen und unvorhersehbaren politischen Entwicklung die Gewichte sehr drastisch verschoben haben. Die seit 1990 herrschende Unsicherheit in der Förderpolitik des Bundes und der Länder für mittlere und kleine Firmen ist ein Anzeichen für die beginnende Neuorientierung.

Das bedeutet auch, daß die Aufgabe, auf die Herausforderungen des Europäischen Binnenmarkts 1993 technologiepolitisch, investiv und ordnungspolitisch zu reagieren, mit der Aufgabe interferiert, den fünf neuen Bundesländern beim Aufbau einer für sie völlig neuen Wirtschaftsstruktur zu helfen. Dies erfordert ebenfalls einen besonnen organisierten Einsatz der Informations- und Kommunikationstechniken, wobei viele bekannte Regeln und Einsichten noch modifiziert werden müssen – in welche Richtung dies zu geschehen hat, scheint noch völlig offen zu sein.

Es steht zu erwarten, daß die Konflikte zwischen Arbeit und Kapital in der erweiterten Bundesrepublik an Schärfe zunehmen werden, aber auch andere Qualitäten bekommen werden. Dies hat drei Gründe:

– Der zu erwartende und verteilbare Zuwachs wird sowohl wegen der Tendenzen auf dem Weltmarkt wie auch wegen der für die neuen Bundesländer zu erbringenden zusätzlichen Leistungen geringer. Die notwendige Verflechtung eines Industrielandes, das arm an Rohstoffen ist, mit den Dynamiken der Weltwirtschaft ist offenkundig. Die Exportabhängigkeit zwingt zu immer neuen Umstellungen, die nicht nur vom Unternehmer, sondern auch vom Arbeitnehmer eine Flexibilität verlangen, die mit seinen eigenen Interessen nicht mehr unbedingt vereinbar sein muß.[14] Die Arbeitslosigkeit steigt auch aus weltwirtschaftlichen Gründen, da es sich um ein Anzeichen für eine weltweite strukturelle Anpassungskrise an die sog. Neuen Technologien handeln dürfte. Die Trendanalysen zeigen, daß es sich nicht nur um eine zyklische Krise, sondern um eine weltweite, in

[14] So ist die Mobilität eines Arbeitnehmers eine beliebte „Wertevorstellung" bei Unternehmen. Die nachlassende Bereitschaft hierzu hat jedoch nichts mit dem Wertewandel, sondern mit höchst rationalen und ökonomischen Überlegungen des einzelnen Arbeitsnehmers zu tun (vgl. LÜBBE 1990).

den Industrieländern am deutlichsten ausgeprägte Wirtschaftsveränderung handelt.[15]

- Die Beschleunigung der Erweiterung der technologischen Möglichkeiten hat in der Arbeitswelt Auswirkungen, die sich bisher schlecht vorhersagen lassen. Im Konflikt zwischen den Interessen der Arbeitnehmer und Arbeitgeber, der nicht unbedingt einen Konflikt zwischen Humanisierung und Rationalisierung bedeuten muß, wird die Arbeitgeberseite im Sinne der Rentabilität ihrer Investitionen alles daransetzen, die neuen technologischen Möglichkeiten zu nutzen, insbesondere die Möglichkeit der Ersetzung manueller, mechanischer und repetitiver Arbeit durch informatorische Prozesse, sofern sie maschinell realisierbar sind. Dies bedeutet, daß das Arbeitsangebot, gemessen am Spektrum herkömmlicher Tätigkeiten, geringer wird, was bei einem Nachhinken der Qualifizierung zu aktiven (Entlassung) oder passiven (keine Besetzung einer freiwerdenden Stelle) Freisetzungen führen muß. Die Kluft zwischen neu geschaffenen und verlorengegangenen Arbeitsplätzen wird immer größer und zwingt die Interessenvertreter der Arbeitnehmer auch zur Entwicklung einer solidarischen Verhaltensweise gegenüber den Arbeitslosen.
- Im Verlaufe der technologischen und gesellschaftlichen Entwicklung erzeugt eine hochindustrialisierte Arbeitsgesellschaft wie die Bundesrepublik (und das gilt für andere Staaten des westlichen Wirtschaftssystems ebenso wie – mit Abstrichen – für die sich im wirtschaftlichen Umbruch befindlichen ehemals sozialistischen Staaten) ein gewandeltes Verhältnis des Individuums zu seiner Arbeit. Das erhöhte Freizeitangebot, die zu erwartende weitere Verkürzung der Arbeitszeit, die durch Sättigung des Arbeitsmarkts reduzierte Erwartung des gesellschaftlichen Aufstiegs durch Arbeitsleistung allein nimmt zunehmend der menschlichen Arbeit die primäre Rolle, die sie für die Sinngebung im Leben des einzelnen spielte, ja sie wird zunehmend entweder als Privileg oder ausschließlich als Job empfunden – die private Betätigung, d.h. die Eigenarbeit für sich oder die eigene soziale Umwelt, wird sich weiter ausbreiten.[16]

Diese hier nur kursorisch genannten Gründe verschieben naturgemäß das Verhältnis der Interessen zwischen Arbeitgeber und Arbeitnehmer und die Prämissen des Einsatzes von Informations- und Kommunikationstechnik und setzen eine Entwicklung in Gang, die nicht ohne weiteres abzusehen ist.

Man kann allerdings von einer Verschärfung des Konflikts in der Arbeitswelt erwarten, daß die drei genannten Gründe (nicht ausschließlich) zu Krisen führen, die erfahrungsgemäß immer dazu ausgenutzt werden, der jeweils anderen Seite Rechte streitig zu machen. Diese Krisen führen auch immer zu Umverteilungen zwischen Lohn und Gewinn, und die Regel bestätigt, daß diese Umverteilungen zumeist in dieselbe Richtung gehen. So bleibt auch in einer Arbeitswelt, die die gröbsten sozialen Konflikte ritualisiert hat, der Kon-

[15] Vgl. hierzu AUSUBEL, SLADOVICH (1989) und OVUM SOFTWARE (1989).
[16] Vgl. hierzu Ch. v. und E.U. v. WEIZSÄCKER (1979, 1985).

flikt selbst bestehen. Dies dürfte unabhängig von der spezifischen Technik, die zum Einsatz kommt oder kommen soll, gelten.

Zusammenfassend kann festgestellt werden, daß sich der Einsatz von Informations- und Kommunikationstechniken durch den Versuch verstärken wird, kurzfristig Produktionsengpässe, Dienstleistungsdefizite, aber auch Qualifikationsmängel und zu lange dauernde Aus- und Weiterbildungsprozesse auszugleichen. Dies ist auch vor dem Hintergrund zu sehen, daß ein wirtschaftliches und technologisches Gefälle in Deutschland, aber auch zwischen den europäischen Ländern, noch jahrelang bestehen wird und ausgeglichen werden muß. Dazu gehört auch, umweltbelastende Technologien durch ihre Informatisierung verträglicher zu machen.

All dies erfordert jedoch eine Kompetenz der Technikhersteller, -betreiber, -benutzer und -manager, die sich erst langsam abzeichnet.

10.2 Systemverstehen

Es mag nützlich sein, einige Grundzüge dieser interdisziplinären Kompetenz zu umreißen. Es sei dies hier am Beispiel der Produktion und einer einheitlichen Sichtweise eines produzierenden Betriebs erläutert.

Fertigung ist gekennzeichnet durch die Bearbeitung materieller Konfigurationen mittels physikalischer Einwirkungen, deren Prozeßverlauf durch Information beeinflußt, gesteuert und kontrolliert wird. Ziel der Bearbeitung materieller Konfigurationen ist die Herstellung von Formen und Oberflächen, so daß mittels der bearbeiteten Konfiguration eine Funktion verwirklicht werden kann.

Ziel einer auf Systemverstehen ausgerichteten Kompetenz muß ein tieferes Verständnis für die Wechselwirkung zwischen materieller Konfiguration und Information (im Sinne von wirkender Information) sein. Das bedeutet, daß jeder, der ein Produktionssystem betreibt, die organisatorischen, technischen und sozialen Strukturen gleich gut kennen muß, um zu wissen, wo eine informationstechnische Unterstützung notwendig und sinnvoll sein kann.

Die prinzipielle Schwierigkeit des theoretischen Zugangs liegt darin, daß die ingenieurswissenschaftlich orientierte Beschreibungsebene der physikalisch-technisch verstandenen Fertigungsprozesse und die informatisch orientierte Beschreibungsebene der Daten- und Informationsflüsse bisher nicht vereinheitlicht werden konnten.

Als erster Schritt wäre deshalb anzustreben, eine integrale, vereinheitlichende Beschreibungsebene für diesen noch nicht voll verstandenen Prozeß zu finden.

Produktion kann auf verschiedenen Beschreibungsebenen modelliert werden. Auf der Ebene der Produktionsfaktoren Kapital, Arbeit und Ressourcen (wobei Information als weiterer Produktionsfaktor genannt wird, was aber noch lange nicht in die Theorie integriert ist) ist es möglich, aggregierte Modelle zu untersuchen.

Unter Informationsmanagement versteht man die von einer Strategie her bestimmte Planung des Einsatzes von Informations- und Kommunikationstechniken im Unternehmen oder innerhalb einer Institution. Hierzu gehört eben nicht nur die Auswahl, Anpassung und Einführung von technischen Systemen, sondern vorrangig die Gestaltung der Organisation, in der solche Technologien eingesetzt werden. Diese Gestaltung muß aufs engste mit weiteren Maßnahmen bis hin zur Personalentwicklung verbunden sein. Der Begriff des Computer Integrated Business, vielleicht übersetzbar mit dem Ausdruck „rechnerintegrierter Betrieb", erstreckt sich daher auf alle Bereiche, in denen das Informationsmanagement Aufgaben vorfindet. Ohne eine Vorstellung über den gesamten betrieblichen Ablauf und damit ohne eine Vorstellung, wie mit dem Rohstoff Information umgegangen werden kann, bleibt der punktweise oder nur partikuläre Einsatz von Informations- und Kommunikationstechniken ein mit sehr viel Lehrgeld verbundenes Unterfangen. Dies gilt in gleichem Maße für das Unternehmen als Ganzes, für die zahlreichen Beratungseinrichtungen auf diesem Gebiet, für die Hersteller, für die kleinen und mittleren Betriebe als Anwender wie auch für Dienstleistungsunternehmungen.

Auf der Ebene der organisatorischen Sichtweise wird überwiegend die Art und Weise betrachtet, wie die zur Produktion erforderlichen Steuer- und Kontrollinformationen bereitgestellt und verwaltet werden. In betriebswirtschaftlicher Hinsicht ist die Organisationstheorie heute immer noch im Stadium einer deskriptiven Wissenschaft, wenngleich es ein aus Erfahrungen zusammengetragenes Regelwerk gibt. Trotzdem scheinen wir

> *„in der Hardware in der 5. Generation, in der Software in der 4. Generation, im Management in der 2. Generation und in der Organisation noch in der nullten Generation"*

zu sein.[17]

Auf der rein technischen Ebene der Beschreibung des Produktionsprozesses herrscht eine von den verschiedenen ingenieurswissenschaftlichen Disziplinen geprägte, partikularisierte Beschreibung der Teilprozesse vor wie spanende Fertigung, Umformen, Werkzeugmaschinen, CNC-Steuerung. Es fällt auf, daß das, was NORA und MINC (1979) als Informatisierung bezeichnet haben, sich heute in Gestalt des propagierten Konzepts der rechnerintegrierten Fabrik (CIM) auf einer begrifflich wie theoretisch noch nicht vereinheitlichten Beschreibungsebene darstellt. Dabei kann man feststellen, daß der Kern der CIM-Entwicklung, nämlich der Übergang von der rechnergestützten Konstruktion über die Arbeitsvorbereitung hin zu Produktionsplanung und -steuerung (PPS), schon weiter gediehen ist als die weitere Vernetzung und Integration hin zu den Produktionssteuerungssystemen. Obwohl die Entwicklung sich gegenwärtig unübersichtlich darbietet, sind doch schon Trends zur Standardisierung erkennbar.

---

[17] So ein Wirtschaftsmathematiker, der nicht genannt werden will.

Insbesondere ist, neben noch bestehenden erheblichen technischen Problemen der informationstechnischen Schnittstellengestaltung zwischen den einzelnen betrieblichen Bereichen, weitgehend unklar, wie ein einheitliches Begriffsgerüst zur Beschreibung des Produktionsprozesses auf der Ebene der Daten- und Informationsverarbeitung aussehen könnte. Die Techniken, mit denen durch Datennetze eine funktionsorientierte Kommunikation in Produktion und Büro realisiert wird, bestimmen bis heute eben auch das mit, was schon machbar ist oder erst machbar sein wird. Die Konzeption eines Datennetzes bestimmt den Datenfluß und damit eine wesentliche Bedingung für betriebliche Abläufe überhaupt. Die Schwierigkeiten, Rechnersysteme verschiedenster Hersteller zu verbinden, versucht man durch internationale Standardisierung zu lösen. Sicherheitsfragen tangieren die Erfüllung betriebsnotwendiger Funktionen ebenso wie die persönlichen Belange der im Betrieb arbeitenden Menschen. Hinzu kommen Entwicklungen, deren Anwendungsbreite wohl noch gar nicht absehbar sein dürften: Die Methoden der automatischen Spracherkennung und die Aussicht auf eine Kommunikation mit dem Rechner mittels der natürlichen, gesprochenen Sprache werden zu geänderten Arbeitsinhalten, zu geänderten Berufsbildern und zu geänderten Organisationsformen führen.

Auf der Ebene der Datenorganisation und -verwaltung als einem genuinen Gebiet der angewandten Informatik begegnet man wieder dem Problem, technische, organisatorische, administrative und systemische Vorgaben integrieren zu müssen. Die entwickelten Ansätze – von den systematisierten Rationalisierungsstrategien, die entwickelt werden, bis hin zur gewählten Programmiersprache für Bürosysteme – spiegeln denn auch ihre jeweilige Herkunft wider: Beim Übergang von Teillösungen, die eine gewisse Bewährung aufweisen, zu anderen Teilbereichen ist eine Übertragbarkeit in der Regel nicht zu garantieren. Ansätze, wie das Büro der Zukunft eben nicht nur technisch, sondern inhaltlich gestaltet sein wird, zeigen auch die Grenzen, da diese Aufgabe nicht primär von den technischen Möglichkeiten ausgehen darf, sondern sich an den fachlich bestimmten Arbeitsaufgaben orientieren muß. Deshalb stehen hier auch die Überlegungen zur Gestaltung der Arbeitsinhalte im Vordergrund.

10.3 Qualifizierung mittels Technik?

In der Diskussion mit Firmen wird immer wieder als zentrales Moment die Erkenntnis sichtbar, daß die Personalentwicklung für die Erfolgsposition eines Unternehmens (gleich welcher Größe) einen strategischen Faktor ersten Ranges darstellt. Die technische Entwicklung und der dadurch erzwungene Anpassungsprozeß haben an Dynamik und Schnelligkeit aber so zugenommen, daß ein Warten auf die (Nach-)Qualifizierung durch die berufiche Erstausbildung im dualen System die Marktchancen der Unternehmen wesentlich beeinträchtigen könnte. Es ist von daher verständlich, daß Firmen nach Auswegen suchen, da die Qualifikationsanforderungen qualitativ wie quantitativ so gestiegen sind, daß sich die Firmen nach einer technikgestützten Anpassungsstrategie umsehen müssen.

So hängen die Personalentwicklung und die Entwicklung einer Rationalisierungsstrategie für Information und Kommunikation in einem Unternehmen sehr eng zusammen. Die neue Informations- und Kommunikationstechnik verändert die Anforderungen an die Benutzer und erzeugt somit einen gewissen Qualifizierungsdruck sowohl für bereits im Unternehmen beschäftigte Mitarbeiter wie auch für diejenigen, die vom Arbeitsmarkt kommen. Es geht deshalb bei diesem Problem darum, ob die Qualifikation rechtzeitig der Veränderung von Organisation, Technik und Arbeitsinhalten angepaßt werden kann.

Solche Anpassungsstrategien für die kleinen und mittleren Unternehmen, mit dem Ziel, die Schere zwischen Qualifikationsangebot (gegeben durch den Arbeitsmarkt) und Qualifikationsnachfrage (abgeleitet aus der Beschäftigten- und Auftragssituation der Unternehmen und aus den eingeführten oder einzuführenden Technologien) zu schließen, bevorzugen organisatorische und technische Maßnahmen, mit denen sich die Unternehmen dem am Arbeitsmarkt verfügbaren Qualifikationsangebot leichter als bisher anzupassen vermögen.

Eine einmal erworbene Qualifikation, einerlei wie sie nun zustande gekommen sein mag, ist nichts Statisches, Bleibendes. Der Qualifizierungsbedarf, wie er durch die aktuelle Situation gegeben sein mag, ist nicht nur von der Arbeitsaufgabe her definierbar, sondern impliziert ein Denken, das persönliche und fachliche Entwicklungen und Chancen mit wahrnimmt, indem es den zeitlichen Horizont der Leistungsfähigkeit im Laufe eines Arbeitslebens mit in die Liste der entscheidenden Faktoren aufnimmt.

Zunächst lassen sich drei mögliche strategische Ebenen (Denkmuster) und daraus resultierend drei mögliche Vorgehensweisen unterscheiden[18]:

1. Man versucht durch die Gestaltung des technischen Systems die Qualifikationsanforderungen an das vorhandene Qualifikationsangebot anzupassen. Dabei sind drei Ausgangsbedingungen zu unterscheiden:
   a) Bei einer hohen formalen Qualifikation (Kinder gebildeter Eltern erfahren in der Regel eine bessere Ausbildung in bezug auf die Abschlüsse, nicht auf die Tätgkeiten) wird der Bedarf an anspruchsvollen, intellektuell befriedigenden Arbeitsplätzen ansteigen. Daraus resultiert einerseits eine anspruchsvollere Gestaltung der technischen Arbeitsumgebung (Professionalisierung und Leistungserweiterung der verwendeten Technik). Andererseits resultiert daraus eine eher ganzheitlichen Vorstellungen unterliegende Festlegung der Arbeitsaufgabe. Arbeitsfunktionen, die heute größtenteils funktional und hierarchisch

[18] Diese Überlegungen gehen auf eine Systematik zurück, die in KORNWACHS, DRESSEL (1990) entwickelt wurde.

getrennt sind (z.B. Planung, Verantwortung, Ausführung und Kontrolle), werden gerade von jenen Bildungsschichten zunehmend als zu ihrem Wirkungsfeld gehörend interpretiert.

b) Analoges gilt auch für die in Zukunft zunehmende Anzahl älterer Mitarbeiter, die wiederum durchschnittlich eine höhere Qualifikation und damit einhergehend ein verändertes (steigendes) Anspruchsniveau an die Arbeit, an die Arbeitsinhalte, an die Qualität der Arbeitsgestaltung und Arbeitsumgebung haben.
In beiden Fällen ist die organisatorisch-technische Gestaltung von Arbeitsinhalt, Arbeitsumgebung und Arbeitsplatz diesen deutlich höheren Ansprüchen anzupassen.

c) Bei niedriger Ausgangsqualifikation sollte nach diesem mehr technisch bestimmten Denkmuster die Schnittstelle zwischen Arbeitssystem und Mitarbeiter an das bestehende Niveau der Qualifikationsanforderungen angepaßt werden. Sie muß demnach technische Komponenten enthalten, die fehlende Qualifikationen ausgleichen sollen, von der Bedienerführung über die sog. idiotensichere Bedienung bis hin zum Expertensystem, das expertenersetzend eingesetzt werden soll.[19] Die prinzipiellen Schwierigkeiten beim Einsatz solcher Techniken werden für Expertensysteme extensiv diskutiert, weniger jedoch für die vereinfachte Bedienungsführung.

2. Man versucht, durch die Gestaltung des organisatorischen Systems die Qualifikationsanforderungen an das vorhandene Qualifikationsniveau anzupassen.
Hier kämen folgende Organisationsprinzipien alternativ in Frage:
a) Hohe Arbeitsteilung zur Vereinfachung der Arbeitsschritte bei gleichzeitig stärkerer Ausdifferenzierung (Hierarchisierung) der Aufbau- und Ablauforganisation, um Stör- und Entscheidungsfälle auf höherer Kompetenzebene zu regeln.
b) Partikularisierung der Arbeitsinhalte, d.h. Zerlegung der einzelnen Arbeitsschritte an ein und demselben Arbeitsplatz in Elementaroperationen.
c) Dezentralisierung ganzheitlicher Arbeitsinhalte in kleineren Organisationseinheiten (z.B. Fertigungsinseln).

Während das erste Organisationsprinzip (a) technisch durchaus machbar erscheint und zum Teil in die Gestaltung der rechnerintegrierten Fabrik Eingang findet (wobei man sich über die Wünschbarkeit dieser Gestaltung streiten kann), ist das zweite Prinzip (b) zwar technisch machbar, wird aber immer weniger von den Sozialpartnern akzeptiert. Hier bietet

[19] Unter einer expertenersetzenden Verwendung eines Systems der Künstlichen Intelligenz soll hier die prinzipielle Möglichkeit verstanden werden, daß das System Auskünfte über ein Fach- oder Sachgebiet erzeugt, die von einem Nichtexperten verstanden und verwendet werden können, so daß die Funktionalität des Systems etwa die Funktion des Experten übernehmen können sollte.

das dritte Prinzip (c) mit den Formen der eher gruppeninternen Arbeitsverteilung in kleineren Arbeitseinheiten realistischere Möglichkeiten der Anpassung.

3. Man versucht, das Qualifikationsangebot so zu verbessern, daß es mit einigen hinnehmbaren Verzögerungen den aus der Gestaltung der technisch-organisatorischen Systeme hervorgehenden Erfordernissen entspricht. Damit ist eine Verbesserung des Qualifikationsangebots im Betrieb und außerhalb gemeint – für beide Felder sind unterschiedliche und gemeinsame Maßnahmen denkbar.
   Auf dieser Ebene ist es jedoch wichtig, auch jene Qualifizierungsprozesse in Betracht zu ziehen, die bei ganzheitlichen Arbeitsinhalten die Potentiale des Qualifikationsangebots erschließen und fördern können.

In der Regel werden die Maßnahmen aus diesen drei Ebenen einander in einer prozeßhaften Anpassung von Qualifikationsangebot und Qualifikationsbedarf bedingen und beeinflussen.

Dabei spielt im Kontext der Diskussion um die Qualifizierung – verstärkt um den Qualifizierungsbedarf der fünf neuen Bundesländer – insbesondere die Diskrepanz zwischen bisherigen und zukünftigen Anforderungen eine Rolle. Hier kann zwischen verschiedenen Arten von Kompetenz unterschieden werden[20]:

- Fachkompetenz
  - Produktkenntnisse (Stoff- und Materialkenntnisse)
  - Maschinen- und Anlagenkenntnisse
  - Sensomotorische Fähigkeiten (sog. Handling)
- Methodenkompetenz
  - Kognitive Fähigkeiten wie
    - Konzentrieren
    - Planen
    - Entscheiden
    - Problemlösen
  - Kenntnisse der Arbeitsorganisation und ihrer Veränderbarkeit
  - Sicherheits- und qualitätsgerechtes Verhalten
- Sozialkompetenz
  - Kooperation und Kommunikation (Teamfähigkeit)
  - Eigenverantwortliches Handeln.

Diese Kompetenzen müssen bei einer Schnittstellengestaltung zwischen Mensch und Betriebs- und Produktionsmittel berücksichtigt werden, so daß entsprechende Maßnahmen entwickelt werden können.

Hierbei ist die Vorstellung leitend, daß die Betrachtung der technischen Gestaltung allein nicht hinreichend sein kann, da jedes technische System erst in einer organisatorischen Hülle[21] seine eigentliche Funktionalität entfalten

[20] Vgl. auch KORNDÖRFER (1987), SONNTAG (1985).

[21] Im Englischen wird dieser Begriff mit „organizational closure" bezeichnet.

kann. Dies gilt nicht nur für große technische Systeme, sondern auch für eher lokale Systeme. Deshalb wird nach technischen *und* organisatorischen Gestaltungsmaßnahmen gefragt werden müssen, die die Überwindung von Defiziten bei den genannten Kompetenzen im Arbeitsprozeß, während des Arbeitsprozesses und für den Arbeitsprozeß fördern helfen und zur Arbeitszufriedenheit entsprechend den oben genannten drei Denkmustern beitragen.

Ob durch eine technische Maßnahme die Differenz zwischen Qualifikationsangebot und Qualifikationsanforderung (oder -bedarf) verringert werden kann, hängt davon ob, ob eine Erhöhung der Qualifikation auf der Angebotsseite (durch Mensch plus Technik) durch solche Maßnahmen überhaupt möglich ist.

Es scheint, daß die technisch-organisatorische Gestaltung zunächst nur die Beeinflussung der Qualifikationsnachfrage betrifft. Bei einem eindeutigen, statischen Qualifikationsangebot wäre ein Ausgleich vielleicht einwandfrei zu konzipieren. Das aber ist wenig sinnvoll, da das Qualifikationsangebot immer dynamisch ist und Qualifizierung ein Prozeß ist, der (viel) Zeit benötigt.

Kompliziert wird das Bild durch eine zunehmende Dynamik des Wertewandels, der Einstellungen zur Arbeit und der Motivationen zur Qualifizierung. Die Ausbildung selbst strebt für die fachliche Qualifikation neue Inhalte an, neue Berufsbilder werden geschaffen – und implizit alte verteidigt.

Die arbeitsinhärente Qualifizierung (Lernarbeit-Arbeitslernen) führt zur Nutzung oder zum Verkümmern vorhandener Potenzen, aber es gibt keine Bestandsgarantien. Dies verwirrt und verunsichert die Qualifikationswilligen. Die Möglichkeiten der Beteiligung an der Gestaltung sollte deshalb auch beim Nachdenken über die angesprochenen Anpassungmaßnahmen in Betracht gezogen werden. Damit würden viele später auftauchende Schwierigkeiten von vornherein vermieden.

Als Fazit aus bisherigen Untersuchungen[22] kann man folgende Aussagen machen:

1. Technische und organisatorische Maßnahmen sind nur sehr bedingt geeignet zur Anpassung von Qualifikationsbedarf und Qualifikationsangebot.
2. Ihre Anwendung muß in Abhängigkeit vom Qualifikationsniveau, der Branche, der technologischen Entwicklung und der Personalentwicklungsstrategie des Unternehmens geprüft werden.
3. Technische und organisatorische Maßnahmen lösen das Anpassungsproblem, wenn überhaupt, nur kurzfristig. Die Folgen für Organisation und Arbeitsinhalte sind aber langfristiger Natur.
4. Technische und organisatorische Maßnahmen können daher eine Weiterbildungsstrategie nicht ersetzen, sondern höchstens zu einem gewissen begrenzten Grade unterstützen.

Man wird demnach einer rein technikorientierten Lösung des Qualifizierungsproblems zurückhaltend gegenüberstehen müssen. Insbesondere muß man

[22] Vgl. auch KORNWACHS, DRESSEL (1990).

wohl die organisatorischen Vorbedingungen für eine qualifizierungsförderliche Arbeitsumgebung schaffen müssen. Dies verlangt, die Wechselwirkung zwischen Technik und Organisation zu berücksichtigen.

11. Wechselwirkung von Technik und Organisation

11.1 Organisationsgestaltung

Technische und organisatorische Maßnahmen sind nicht wechselwirkungsfrei. Jede technische Installation zieht organisatorische Änderungen nach sich, die oft vorher nicht bedacht worden sind.

Die meisten der zur Entscheidung beim Technologiemanagement anstehenden Maßnahmen stammen mittlerweile aus dem Bereich der Informations- und Kommunikationstechnik. Gerade diese Technologie hat arbeitsorganisatorische Auswirkungen. Einige Theoretiker der Informatik beschreiben deshalb die Informatik als die Re-Definition und Re-Strukturierung von Arbeitsorganisationen und -abläufen, sofern sie formalisiert als technische Prozesse abgebildet werden können. Das bedeutet, daß die Informatik *auch* eine Organisationswissenschaft ist und daß durch den Zwang, Arbeitsabläufe auf Rechnersysteme abzubilden, der Arbeitsprozeß vollständig formal beschrieben werden muß.[1]

Anhand von CNC-Maschinen kann man sich z.B. leicht klar machen, daß die Schnittstellengestaltung primär das Ergebnis informationstechnischer Überlegungen ist. Generell ist eine Veränderung der Arbeitsinhalte von der unmittelbaren Produktion hin zu produktionsbegleitenden Aufgaben (Steuerung, Dienstleistungen) festzustellen. Dadurch wird das Denken in Regelkreisen als formaler Ausdruck des vorwegnehmenden Denkens und Handelns zur Schlüsselqualifikation. Der Zeithorizont der Arbeitsaufgaben wird dabei generell größer.

Doch nicht nur der Planungs- und Entscheidungshorizont der Arbeitsaufgaben wird erweitert, sondern die Zeitverhältnisse ändern sich ebenfalls. Dabei kommt es zu einem Konflikt zwischen dem verständlichen Wunsch, die Auslastung kapitalintensiver Anlagen durch lange Betriebszeiten zu optimieren, und dem seit Beginn dieses Jahrhunderts anhaltenden Trend zur Arbeitszeitverkürzung. Die Lösung dieses Konflikts kann nur in einer Entkopplung der Arbeitszeit von der Betriebszeit der Produktionsmittel liegen. Die entsprechenden Organisationsformen beziehen sich dann auf eine Flexibilisierung der Arbeitszeit. Dabei ist die angestrebte Variabilität beim Perso-

[1] Vgl. COY (1989).

naleinsatz wiederum nur möglich, wenn Mehrfachqualifikationen angestrebt und auch erreicht werden.[2]

Bei rechnerintegrierten Systemen (CIM) kommen fachbereichsübergreifende Aufgaben und Anforderungen hinzu und rufen organisatorische und individualpsychologische Hemmnisse hervor (Akpeztanzfragen). Diese Fragen sind aber nur sinnvoll an Einzeltechnologien diskutierbar. Die Interdependenz zwischen organisatorischen und technischen Maßnahmen einerseits und der Qualifikations- und Personalstruktur andererseits macht deutlich, daß sich rein technische Lösungen nicht bewähren, wenn sie nicht von arbeitsorganisatorischen Maßnahmen und Qualifizierungsstrategien begleitet werden. Die schnelle technische Lösung kann auf die Dauer die teurere Lösung werden.

Die Beherrschung der Wechselwirkung zwischen Technik und Organisation hängt jedoch empfindlich davon ab, wie weit es gelingt, sich ein klares Bild davon zu machen, was das Ziel des Unternehmens ist. Die Technik sollte dabei ein Instrument sein, diese Ziele unter Berücksichtigung von humanen, ökologischen und ökonomischen Bedingungen und Erfordernissen zu verwirklichen. So gesehen ist auch die Organisation nur ein Instrument hierzu und steht nicht für sich allein. Wenn man diese Auffassung konsequent weiterdenkt, ergibt sich der Schluß, daß Organisation und Technik durch die Informatisierung soweit aneinander gekoppelt werden, daß wir von der Organisation der Technik ebenso wie von der Technik der Organisation sprechen könnten. Da die Informations- und Kommunikationstechnologie diese Kopplung in nicht rückgängig machbarer Weise vorantreibt, ist sie eben auch eine Organisationstechnologie.

Dies ist auch der Grund, weshalb sich nicht nur mehr die Organisatoren und Personalfachleute mit rechtlichen Fragen auseinandersetzen müssen, sondern auch die Gestalter von Büro- und Kommunikationssystemen, die Einrichter neuer produktionstechnischer Anlagen ebenso wie die Betreiber einer rechnerintegrierten Fabrik. So wird man sich bei der konsequenten Technikgestaltung, die eben immer auch Organisationsgestaltung ist, ja sie voraussetzt, auch Probleme lösen müssen, die sich mit den Stichworten Zuverlässigkeit, Sicherheit, Verträglichkeit, Produzentenhaftung, Verantwortung u.a.m. umschreiben lassen. Allein das Problem des Schutzes der Rechte an Software, Wissensbasen und allgemeinem Know-how kann im Alltag sehr schnell relevant werden, ist für den Systembetreiber aber in der Regel noch gar nicht als Problemkreis in das Bewußtsein gedrungen. Dasselbe gilt manchmal für den allseitig schon praktizierten elektronischen Geschäftsverkehr.

11.2 Kleine und mittlere Unternehmen

Kleinen und mittleren Unternehmen unterstellt man in der Regel die Chance, durch geringe Arbeitsteiligkeit der Aufgaben, die sie ihren Arbeitskräften

[2] Vgl. auch BULLINGER, KLEIN (1989).

bieten, die Technik und die Befriedigung des Qualifikationsbedarfs ziemlich frei zu gestalten, d.h., daß sie in der Lage sind, Mehrfachqualifikationen durch Erfahrungslernen zu erzeugen. Dies scheint auch die wesentliche Quelle ihres Kreativitätspotentials zu sein. Durch die Verbilligung von Rechner- und Systemleistung sei nun diese Kreativität herausgefordert, durch eine sinnvolle Nutzung der neuen Informations- und Kommunikationstechnologie neue Wege zu beschreiten.

Schaut man jedoch näher hin, so stellt man fest, daß in Untersuchungen das Übergewicht der größeren Betriebe (Anzahl der Beschäftigten $\geq$ 1000) beim Anteil der Innovationen von 1982 bis 1986 konstant blieb. SCHMALHOLZ (1988) interpretiert die Größenverhältnisse so:

> *„Die Aufgliederung nach Größenklassen belegt deutlich den mit steigender Betriebsgröße erwachsenden Innovationsanteil, widerspricht also Behauptungen, daß insbesondere von kleinen und mittleren Unternehmen die Innovationsdynamik in unserer Wirtschaft geprägt wird.“* (S. 9)

Es kommt hinzu, daß gerade mittlere Unternehmen noch als „Innovationsfalle“ (Vgl. WIESELHUBER, FRIEDRICH 1987, S. 4) gelten, da sie weder die Flexibilität und die Durchsetzungskraft der kleinen Unternehmen noch die Professionalität und die Ressourcen der großen Unternehmen hätten.

Es steht zu vermuten, daß sich an der Gültigkeit dieser Aussagen auch seither nichts wesentliches geändert hat.

Mittlere Betriebe nennt man Betriebe mit 100 bis 499 Beschäftigten. Ihre Ressourcen sind zeitlich, personell und inhaltlich entsprechend begrenzt. Die geringere Arbeitsteilung läßt Spielräume zu, bei entsprechendem Qualifikationsangebot auch schnell zu höherer Arbeitsteiligkeit überzugehen. Auf die Dauer ist dies aber nur dann förderlich, wenn sich nur wenige Un- und Angelernte in einem solchen System befinden.

Vielfach herrschen noch patriarchalische Entscheidungsstrukturen vor. Dies hängt unmittelbar mit der Geschichte der jeweiligen Firma und den Eigentumsverhältnissen zusammen. Dafür ist bei den Mitarbeitern in der Regel die Firmenbindung und damit auch die intrinsische Motivation recht hoch ausgeprägt.

Bei Kleinbetrieben ist zu fragen, ob ein Freistellungspotential für die Weiterbildung während der Arbeitszeit tatsächlich vorhanden ist. Diese Frage gilt auch für Weiterqualifizierungen direkt am Arbeitsplatz, sei es durch Computer Based Training (CBT) oder durch von Multi-Media-Systemen (MMS) unterstützte Lehr- und Lernprozesse, die in den Arbeitsprozeß integriert sind.

Genau in dem Zusammenhang muß aber danach gefragt werden, ob die informationstechnische Anbindung der meist aus kleinen und mittleren Unternehmen bestehenden Zuliefererindustrie an die jeweiligen Konzerne diese Abhängigkeit in die Richtung einer Aufösung der Autonomie des Betriebs führt. Dies könnte auch zu einer Anbindung an die Lerninhalte und an das Selbstverständnis des jeweiligen Konzerns führen.[3]

Der Einzelne ist Objekt der Planung, wenn er nicht die Möglichkeit hat, seine (auch motivierenden) Perspektiven mit einzubringen. Die organisatorische Umgestaltung, die der Nutzung von Technik vorangehen und nicht folgen sollte, impliziert weitreichende Eingriffe in die Gestaltbarkeit und die Gestaltung von Arbeitsinhalten. Dies gilt erst recht für eine Qualifikationsanhebung.

Deshalb ist es sicher auch erforderlich, daß Unternehmen sich mit einem Instrumentarium vertraut machen, das ihnen wenigstens einen groben Überblick über die Komplexität der erwünschten und auch unerwünschten Auswirkungen des Einsatzes von Informations- und Kommunikationstechniken, aber auch der Potenz dieser Technologien verschafft. Hier geht es in erster Linie um Technikbewertung. Bei Produkten gilt sicher, daß nur eine vom Verbraucher akzeptierte Technik auf Dauer auch eine marktfähige Technik ist. Ob sie für alle akzeptabel ist, mag dahin gestellt sein. Bei bestehenden Systemen der Kommunikationstechnologie oder der Dienstleistungen muß dies nicht unbedingt der Fall sein. Hier ist Widerstand gegen eine Technik kein Hindernis für ihr Weiterbestehen. Deshalb ist hier bereits viel Mißtrauen entstanden.[4]

Die kleinen und mittleren Unternehmen werden sich, um sich in Zukunft die Wettbewerbsfähigkeit am internationalen Markt zu erwerben, zu erhalten oder gar zu steigern, den Bedürfnissen des Markts anpassen müssen. Dies gilt primär für die neuen Bundesländer, aber in gewisser Weise auch für Unternehmen, die aus den neu hinzugekommen EG-Ländern zum ersten Mal am Markt teilnehmen wollen. Die Bedürfnisse des Markts führen aber auch weg von der traditionellen Massenfertigung hin zu flexiblen System in der Fertigung. Routinetätigkeiten und reine Bedienerfunktionen werden in der flexiblen automatisierten Fertigung an Bedeutung verlieren.

Ältere Betriebe, die umgerüstet werden oder wurden, die sich noch für eine geraume Zeit der vorhandenen technischen Einrichtungen bedienen werden (und müssen), weil es an Investitionsmöglichkeiten fehlt, dürften hier einen eher erschwerten Zugang haben. Dies führt zu einem Verlust möglicher Rationalisierungspotentiale, die für das Überleben entscheidend sein könnten.

Andererseits verleiten gerade solche Bedingungen dazu, die Betriebe in den neuen Bundesländern an die Strukturen ihrer Partnerbetriebe so anzubinden, daß das Schlagwort von der „verlängerten Werkbank" durch die Hintertüre doch wieder zu einer zutreffenden Bezeichnung werden könnte.

Die Frage nach der Teleheimarbeit (vgl. BULLINGER, FRÖSCHLE, KLEIN 1987) wäre gesondert zu behandeln. Die Einführungshindernisse, die bei wirtschaftlichen Bedingungen, tarifpolitischen Differenzen und arbeitsinhaltlichen Gegebenheiten liegen, könnten bei erheblich verbilligt angebotener

[3] Vgl. auch GANZ, BUCK (1990).

[4] „Wer Akzeptanz will, darf sie nicht wollen." Vgl. hierzu RÖGLIN (1990).

Netz- und Kommunikationstechnologie u.U. weniger gravierend sein als angenommen. Dabei ist dann das Augenmerk auf die Organisationsformen, die typischen Arbeitsinhalte, die arbeitspsychologischen Gegebenheiten und die soziale Einbindung in das betriebliche Geschehen zu richten.

Die Verbindung von Maschinen- und Informationstechnik hat bewirkt, daß die Maschinenbedienung immer indirekter wird, da sie sich über informatorische Hilfsmittel vom Bediener und der Bedienzeit entkoppeln läßt. Die zeitliche und räumliche Entkopplung wird neue Arbeitsformen gerade in kleinen und mittleren Betrieben ermöglichen. So ist auch hier zum Beispiel die Teleheimarbeit nicht nur bei Großunternehmen oder bezüglich der Schreibdienste, sondern auch in Bezug auf die Produktionsplanung und -steuerung durchaus wieder in der Diskussion.

Nach jetziger Einschätzung sind Teleheimarbeitsplätze da sinnvoll, wo bei kreativen Arbeitsinhalten arbeitsteilig vorgegangen werden kann. Sie ersetzen jedoch die soziale Interaktion nicht.

Eine Entwicklung hin zu Teleheimarbeitsplätzen ist für die Gebiete der neuen Bundesländer möglich, sofern die Leitungsgebühren niedrig und die entsprechenden Arbeitsinhalte und die Bereitschaft, eine solche Technik zu nutzen, vorhanden sind. Dies gilt ganz besonders für bisher wenig durchstrukturierte Gebiete (geringe Besiedlungsdichte, mangelnde Infrastruktur etc.).

Hier dürften nun die Bedingungen in den neuen Bundesländern eine entscheidende Rolle spielen. Da sich eine Kommunikationsstruktur im allgemeinen schneller aufbauen läßt als eine Struktur, die stark an Transportströme und gut entwickelte Standorte gebunden ist, und da der Organisationsgrad der Arbeitnehmerschaft primär mit tarifpolitischen Zielen verkoppelt ist, weiterhin jedoch der Druck mit den Arbeitslosenzahlen ansteigt, könnte sich Teleheimarbeit als eine für die Unternehmen attraktive Organisationsform erweisen, zumindest da, wo es bezüglich der Arbeitsinhalte sinnvoll und möglich ist, z.B. bei Dienstleistungen.[5]

Mittelständische Unternehmen, die sich in Zukunft wirtschaftliche Vorteile von einer informationstechnischen und organisatorischen Verknüpfung der für die betriebliche Leistungserstellung notwendigen Arbeits- und Informationssysteme versprechen und diese deshalb konsequent einsetzen wollen, stehen vor der Aufgabe, bei Planung und Realisierung solcher vernetzten Insellösungen gleichzeitig Aspekte, Belange und Bedingungen aus den unterschiedlichsten betrieblichen Funktionsbereichen untereinander in Einklang zu bringen und zu berücksichtigen:

---

[5] Vor wenigen Jahren hatte man noch die Bedingungen in den alten Bundesländern und in Westeuropa für die Teleheimarbeit als ungünstig interpretiert. Die technischen Möglichkeiten waren aber zur Zeit dieser Studien als eher eingeschränkt anzusehen (vgl. auch BULLINGER, FRÖSCHLE, KLEIN 1987; EULER, FRÖSCHLE, KLEIN 1987).

- Die Betriebe mit ihren unterschiedlichen Vorerfahrungen müssen an gewachsenen Strukturen und an bereits vorhandenen Integrationspfaden, also bereichsübergreifenden Arbeitsaufgaben, anknüpfen.
- Unterschiedliche Hard- und Softwarekonzepte in den einzelnen Funktionsbereichen erschweren die datentechnische Integration und erhöhen den Integrationsaufwand.
- Neben geeigneten DV-Werkzeugen sind umfangreiche organisatorische Anpassung und ggf. Neukonfigurationen erforderlich, um eine zusammenhängende Bearbeitung der integrierten ganzheitlichen Abläufe zu gewährleisten.
- Der eigentliche Engpaß besteht jedoch bislang in der Qualifikation der Fach- und Führungskräfte, die die (teil-)integrierten Vorgangsketten in den technischen und administrativen Unternehmensbereichen planen, einführen und beherrschen müssen.

Da die Veränderungen der Aufgaben eine Änderung der Arbeitsanforderungen zur Folge haben werden, werden diese Arbeitsanforderungen, die sich auch in geänderten Stellen- und Arbeitsplatzbeschreibungen wiederfinden, für die Qualifikationsanforderungen in den einzelnen betrieblichen Bereichen bestimmend sein. Genau hier ist der Übergang zwischen der durchzuführenden Arbeitstätigkeit und der zu erwartenden Lerntätigkeit anzusiedeln.

Wir kommen in diesem Zusammenhang auf eine These, die öfters diskutiert wurde,[6] aber im Lichte dieser Ergebnisse eine weitere Deutung erfährt:

> *„Vielmehr sollte die Erkenntnis reifen, daß Qualifikation nicht nur der Technikentwicklung folgt, sondern auch und vor allem umgekehrt erst diese ermöglicht.“*

[6] So in der Sondernummer „Fabrik der Zukunft“ der VDI-Nachrichten (vgl. SCHEPANSKI 1990).

12. Der rechnerintegrierte Betrieb

12.1 Die neuen Qualifikationen

Die Vision einer rechnerintegrierten Fabrik ist ohne den gegenwärtigen Stand der Informations- und Kommunikationstechnik nicht denkbar. Es werden aber auch weiterhin organisationstechnische wie rechen- und kommunikationstechnische Weiterentwicklung betrieben werden müssen, wenn diese Vision einmal Wirklichkeit werden soll.

Ein einheitliches Qualifikationskonzept, das invariant bezüglich technologischer Konzepte oder organisatorischer Gestaltungen innerhalb eines konkreten Unternehmens wäre, kann es nicht geben. Man kann auch weiter feststellen, daß sich infolge der technischen und organisatorischen Änderungen die Aufgaben innerhalb der bisherigen klassischen Funktionsbereiche wie Konstruktion, Materialwirtschaft, Arbeitsvorbereitung, Absatzwirtschaft, Produktion, Instandhaltung, Qualitätswesen oder Personalwesen so ändern, daß sich die bisherige Zuordnung und damit auch die klassische Ablauf- und Aufbauorganisation ändert oder ändern wird.[1]

Damit hängt sehr eng zusammen, daß die Berufsbilder, wie sie sich in den Richtlinien besonders für die Grund- und Erstausbildung niederschlagen, schon bald den technischen und mehr noch den organisatorischen Veränderungen in den Betrieben hinterherzuhinken pflegen. Polemisch könnte man auch sagen, daß sich die Berufsbilder mehr an den technisch-organisatorischen Entwicklungen und Erwartungen als an überkommenen standespolitischen Grundsätzen werden orientieren müssen.

Die neuen Organisationsformen schlagen sich in CIM nieder und werden durch Technik verstärkt. Man kann davon ausgehen, daß der häufige Qualifikationsbedarf durch diese Organisationsformen stärker beeinflußt wird als durch die Technik selbst.

---

[1] Dieser Abschnitt verwendet Ergebnisse eines Projekts, das vom Bundesministerium für Bildung und Wissenschaft gefördert wurde und die Frage nach dem Qualifikationsbedarf in der Fabrik der Zukunft untersuchte. Damit war der Auftrag verbunden, eine Konzeption zur Weiterbildung in rechnerintegrierten Betrieben der Auftragsfertigung zu erstellen. Folgende Mitarbeiter waren bei der Projektbearbeitung beteiligt: Dipl.-Psych. K.M. Dressel, Dr. M. Hesseler, Soz.Päd. E. Spreizenbarth, Dipl.-Soz. A. Thomforde, Dr. M. Rieger, Dipl.-Soz. K. Betzl sowie P. Andersen, M.A., M. Hammer, M.A., R. Bauer und B. Winning.

Wenn man versucht, die immer wieder gestellte Frage zu beantworten, ob sich die Einführung von CIM nicht dadurch verzögere, daß man erst auf die entsprechend geeigneten qualifizierten Mitarbeiter warten müßte, dann stellt man beim Sichten der Argumente fest, daß dies nicht eine Frage der Grund- oder Erstausbildung sein kann. Denn man müßte dann in Kauf nehmen, daß sich CIM-adäquate Berufsbilder vielleicht erst in 3–5 Jahren bis hin zur Stufe der Ausbildungsordnungen verdichtet hätten und erst weiteren 2–5 Jahren die entsprechend Ausgebildeten auf den Arbeitsmarkt kämen.

Die Kompression der Lebenszyklen von technischen Entwicklungslinien, sei dies für Produktionstechnologien wie für die Produkte selbst, verkürzt aber auch die Lebenszyklen der für diese Entwicklung und Marktfähigkeit entscheidenden Qualifikationen. Die Grund- und Erstausbildung ist jedoch auf einen längeren Zyklus angelegt als die Inhalte der berufichen Weiterbildung.

Die Kopplung von Qualifikation und neuen technischen Möglichkeiten ist demnach so evident, daß es immer wieder verwunderlich erscheint, in vielen Diskussionen die Meinung zu hören, die Qualifikation habe sich ausschließlich nach der vorhandenen Technik zu richten, da ihr gegenwärtiger Einsatz das vordringlichste sei.

Dieses Argument ist verständlich vom Blickwinkel des unter Druck stehenden Praktikers, aber auf lange Sicht kontraproduktiv.

Hinzu kommt noch ein anderer Gesichtspunkt, der in der Debatte nicht ohne weiteres sichtbar wird: Im Verlauf der Einführung neuer Technologien ändern sich die Schnittstellen zwischen Mensch und Produktionstechnik sowie die organisatorischen Abläufe. Dies ist schon fast ein Gemeinplatz. Dabei kann man bei genauerer Analyse feststellen, daß bei der Änderung der Arbeitsinhalte bestimmte Kompetenzen gebraucht werden, die bisher zwar vorhanden waren, aber nicht für die alte Aufgabenstellung explizit gebraucht wurden. Diese extrafunktionalen Kompetenzen werden nun zu funktionalen, d.h. direkt für die neuen Arbeitsaufgabe passenden Kompetenzen. So ist z.B. die Fähigkeit, Abläufe zu koordinieren und zu disponieren, an einem reinen CNC-Arbeitsplatz eine extrafunktionale Kompetenz, die nicht unmittelbar gebraucht wird. Im Rahmen einer Fertigungsinsel wird die Dispositionsfähigkeit von einer extrafunktionalen zu einer funktionalen, weil dort dringend gebrauchten, Kompetenz (vgl. DOSTAL 1988).

Das Vorhandensein von extrafunktionalen Kompetenzen, die sich nicht sofort für eine existierende Arbeitsaufgabe zuordnen lassen, erlaubt es aber, Arbeitsaufgaben zu gestalten und anzureichern. Das bedeutet, daß eine umfangreiche und gute Qualifikation, aus extrafunktionalen und funktionalen Kompetenzen bestehend, auch Anlaß zu Innovationen geben und damit zu neuen Perspektiven der Technikunterstützung führen kann. Innovative Firmen sind immer nur so innovativ, wie es die Qualifikation *und* die Qualifizierbarkeit ihrer Mitarbeiter auf allen Ebenen erlauben.

Deshalb sollte Qualifizierung mehr denn je als eine Investition und nicht nur als eine öffentliche Aufgabe angesehen werden.

12.2 Das Grundproblem im rechnerintegrierten Betrieb

CIM als technisch-organisatorische Integration rechnergestützter Systeme in Planung, Fertigung und Verwaltung kleiner und mittlerer Unternehmen ist noch in einem anfänglichen Stadium. Betroffen sind – bezogen auf die alten Bundesländer – mehr als 90% der Fertigungsbetriebe.[2] Die noch zu leistende Aufgabe, die entsprechenden Betriebe in den fünf neuen Bundesländern auf ihre CIM-Fähigkeit vorzubereiten, ist in statistischen Begriffen noch gar nicht absehbar.

Das Schwerpunkt betrieblicher DV-Anwendung liegt derzeit auf der Rechnerunterstützung einzelner betrieblicher Funktionsbereiche (sog. Insellösungen). Aber auch Teilintegrationen, vor allem zwischen den Bereichen der Konstruktion, Arbeitsvorbereitung und Produktion enthalten ein deutliches Wachstumspotential. Dies ist deutlich aus einer, wenngleich schon älteren, Statistik erkennbar, die den prozentualen Anteil von bereits realisierten Brückenlösungen zwischen den Inseln wie CAD, CAP, PPS, CAQ, CAM[3] und weiteren zeigt, gemessen an der Anzahl der Betriebe, bei denen CIM zum Teil realisiert wurde.

Eine CIM-Einführung als technisch-organisatorische Vollintegration hat sich allerdings auch für Großbetriebe in der Regel als derzeit nicht machbar erwiesen. Das heißt auch, daß es, außer einigen Versuchsanlagen, die vollständig rechnerintegrierte Fabrik noch nicht gibt.

Von den Unternehmen werden immer wieder bei Befragungen Ziele angegeben, die durch die Einführung von CIM im besonderen erreicht werden sollen.[4] Dabei fällt auf, daß diese Ziele, wie

- auf Marktänderungen kurzfristig reagieren zu können,
- erhöhte Kundenanforderungen bezüglich Termintreue, Qualitätsstandards und Typenvielfalt zu erfüllen,
- Lagerbestände und Umlaufbestände verringern zu können,
- die Durchlaufzeit zu verkürzen,

[2] Die folgenden Ausführungen gelten als abgesichert nur für Betriebe der Auftragsfertigung; das Gesagte kann aber sicher ohne größere Modifikationen für andere Betriebstypen gelten (vgl. BULLINGER, BETZL 1991).

[3] CAD = Computer Aided Design, CAP = Computer Aided Production, PPS = Produktionsplanung und -steuerung, CAQ = Computer Aided Qualitiy, CAM = Computer Aided Manufacturing.

[4] Dabei zeigt sich in vielen Untersuchungen, daß die Senkung der Durchlaufzeiten an erster Stelle steht.

nicht allein durch die Vernetzung von Rechnersystemen zu erreichen sind. Denn die effiziente Nutzung von CIM wie auch von CIM-Teillösungen erfordert einschneidende organisatorische Änderungen mit zum Teil völlig neuen Arbeitsabläufen, neuen Arbeitsaufgaben und neuen Arbeitsinhalten.

So entstehen neue Funktionszusammenhänge innerhalb und zwischen den traditionellen Fachbereichen mit veränderten Planungshorizonten (vor allem Terminen, Mengen und Kapazitäten) und Entscheidungskompetenzen. Damit ist eine Verschiebung und Veränderung der Anforderungen an die Mitarbeiter auf allen Ebenen zu erwarten.

12.3 Gestaltung von Funktion und Kommunikation

Die technische Unterstützung und die organisatorische Differenzierung der einzelnen Funktionsbereiche wie auch ihrer betriebsinternen Verkettung hängt in starkem Maße von der Art und von der Struktur der Fertigungsbetriebe ab. Es zeigt sich, daß die organisatorische Ausprägung nahezu aller Funktionsbereiche abhängig ist vom Erzeugnisspektrum, von der Auftragsauslösungsart und von der Art der Fertigungssteuerung. Eine starke Kundenorientierung fällt häufig mit auftragsabhängigen Bestellvorgängen und Einzel- und Kleinserienfertigung zusammen. Außerdem bewirken diese Faktoren eine andere Gewichtung beim Einsatz technischer Unterstützungssysteme als z.B mit Betrieben mit Standarderzeugnissen, Produktion auf Lager und Serienfertigung.

Man kann aus zahlreichen Beobachtungen von Betrieben, die CIM einführen und von den daraus resultierenden Problemen berichten, zur Vermutung gelangen, daß die Rechnerintegration möglicherweise zu einem eher universalen Betriebstyp führt, in dem die Organisationsformen nicht mehr direkt von der jeweiligen Fertigungstechnologie und dem Produktspektrum abhängen könnten.

Der neuzeitliche Betrieb kann als eine Art Schalenmodell dargestellt werden: Während der eigentlich produzierende Kern immer mehr schrumpft (in seinem Bedarf an Raum, Material und Ressourcen, seiner Personalbindung, jedoch nicht in seinem Kapitalaufwand), nehmen die Schalenumfänge immer mehr zu. Die äußeren Schalen können als Dienstleistungsbereiche gegenüber der Produktion angesehen werden (vgl. Abb. 12.1).

Die funktionale Beziehung zwischen den Bereichen wird durch die zunehmende Rechnerintegration flexibler, aber auch komplexer und führt, wenn man auf die Ebene der Arbeitsaufgaben und Tätigkeiten geht, zu anderen Aufteilungen, als man sie bisher aus der Zuordnung zu den klassischen betrieblichen Bereichen her kennt. Diese Zuordnung ist noch im Fluß.

Wenn man sich die Veränderung der Qualifikationsanforderungen ansieht, die auf die mittleren und kleinen Unternehmen zukommen, so stellt man fest, daß sich gerade die herkömmliche Aufgabenverteilung, die sich den klassi-

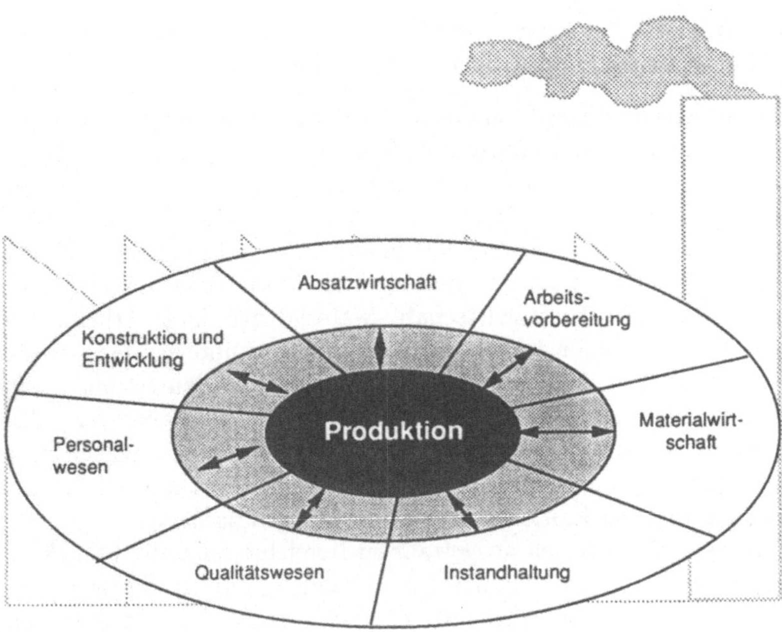

Abbildung 12.1. Schalenmodell des Produktionsbetriebs

schen betrieblichen Bereichen zuordnen ließ, in Aufgabenblöcke ausdifferenziert, die quer über diese Bereiche liegen – in sogenannte Integrationspfade. Diese bestehen aus einer Reihe von Arbeitsaufgaben, die einen bereichsübergreifenden Prozeß bewältigen sollen. Sie sind typisch für die CIM-Fabrik, tauchen aber auch in anderen Zusammenhängen immer dann auf, wenn organisatorische und technische Veränderungen eine Verschiebung der Arbeitsinhalte und des Spektrums der Aufgaben zur Folge haben.

Am Beispiel der Konstruktion und der „benachbarten" Absatzwirtschaft kann man sehr schön zeigen, wie solche Integrationspfade aussehen können. Man weiß, daß etwa 70% der Fertigungskosten bereits in der Konstruktion festgelegt werden. Bei Einzel- und Kleinserienfertigung wird schon die Akquisition zu einer frühzeitigen Bereitstellung entsprechender Informationen führen müssen, z.B. technische Zeichnungen für den Vertrieb, Kosteninformationen, Informationen aus der Produktionsplanung und -steuerung (PPS), Kundenwunschtermine, Beschaffungszeiten, Grunddaten über Betriebsmittel und Werkstattspezifikationen. Dies führt unmittelbar zu Aufgaben, die den bisherigen Bereich der Konstruktion verlassen, aber von Mitarbeitern aus diesen Bereichen bewältigt werden müssen:

- Direkte Kundenberatung am Bildschirm
- Information und ggf. Beratung des Vertriebs über Machbarkeiten
- Pflege einer Angebotsdatenbasis

– Integration von Informationen über Stücklisten, Kosten, Zeiten, Teileverwendungsnachweis, konstruktiven Änderungsaufwand etc.

Es bleibt als auffälliges Phänomen, daß der Bereich der Qualitätssicherung schon heute die höchste funktionelle Vernetzung mit den anderen Bereichen aufweist. Technisch-organisatorisch wird die Qualitätssicherung als eine *integrale* Aufgabe mit den Aufgaben in anderen Bereichen verschmelzen. Hier sind auch die längsten Integrationspfade zu erwarten. Entsprechend hoch sind heute schon die Qualifizierungswünsche an die Mitarbeiter in diesem Bereich.

Für die Beispiele Absatzwirtschaft, Materialwirtschaft, Arbeitsvorbereitung, Produktion, Qualitätswesen, Instandhaltung und das Personalwesen[5] sollen die hauptsächlichen Qualifikationsdefizite kurz erläutert und einige der wichtigesten gängigen Maßnahmen genannt werden, mit denen versucht worden ist und versucht wird, den Mangel an Qualifikation auszugleichen, um so das Gesamtsystem aus Technik, Organisation und Personal weiterhin wettbewerbsfähig und marktorientiert effizient arbeiten zu lassen.

Dabei zeigt sich bei den ausgewählten Bereichen, daß die Fähigkeit, mit technisch vermittelter Kommunikation zu handeln, immer wichtiger wird und zur Schlüsselqualifikation aufsteigt. In diesem Buch kann die Beschreibung nur kursorisch sein.

Absatzwirtschaft: Betriebsspezifisches kaufmännisches und technisches Detailwissen für die erfolgreiche Gestaltung der Kundenbeziehungen kann aus Datenbanken gewonnen werden, aber nur beschränkt. Dies ersetzt die Fähigkeit zur Entscheidung nicht. Ersetzbare Funktionen können sein: Fehlermeldungen und Reklamationen klassifizieren, Auswahl produktionstechnischer Möglichkeiten, Einschränkungen für Angebotserstellungen, Textbausteine hierfür u.a.

Eine Standardisierung der Auftragsabwicklung wäre durch Rechnersysteme möglich und könnte mit niedrigerer Qualifikation auskommen. Auftragsabwicklung ist jedoch eine Rundumsachbearbeitung, deren Komplexität nicht unterschätzt werden darf. Daher besteht bei einer solchen Lösung ein entscheidender Nachteil: Einengen der Handlungsspielräume und bei notwendiger Übertragung auf andere, mehr qualifizierte Mitarbeiter erhebliche Reibungsverluste.

Eine Teambildung (z.B. Auftragsleitstelle) setzt ein gewisses Systemverstehen voraus. Um dem Mitarbeiter die erforderlichen Einblicke zu verschaffen, muß er den ganzen Betrieb als Trainee kennengelernt haben. Dies kann auch in einer späteren Phase geschehen. Nur so kann er in Abhängigkeit von der jeweiligen Auftragsqualität, entsprechend dem Innovationsgrad der Produkte und der Dynamik des Markts agieren und verhandeln.

Materialwirtschaft: Schnittstellenbeherrschung in der Materialwirtschaft ist wegen der Kapitalbindung essentiell. Lager und Transport sind im allgemeinen Sammelbecken für Mitarbeiter auf niedrigem Qualifikationsniveau.

[5] Vgl. KORNWACHS (1991), FhG-IAO (1989) und BULLINGER, BETZL (1991).

Die Mitarbeiter der kaufmännisch ausgerichteten Bereiche sind wiederum technisch nicht genügend qualifiziert. Eine Möglichkeit besteht daher darin, die Schnittstellen weitgehend zu automatisieren (z.B. fahrerlose Transportsysteme). Die andere Möglichkeit besteht in der Integration der Materialwirtschaft in andere Bereiche, wo z.B. ein Anlagenführer auch den zugeordneten Materialtransport per Fernsteuerung übernehmen kann.

Die Verbesserung der Abstimmung zwischen kaufmännischen und technischen Bereichen setzt eine bestimmte Lernbereitschaft voraus, die organisiert werden muß und nicht technisch erzwungen werden kann. Die Verkürzung der Durchlaufzeiten kann durch niedrigqualifizierte Mitarbeiter nur mit Hilfe einer ausdifferenzierten Arbeitsteilung erreicht werden. Dies führt zu (computerunterstützten) relativ starren und lokal begrenzten Arbeitsaufgaben.

Die Aufösung von Zentrallagern erleichtert neuen Mitarbeitern den Überblick. Der technische Abstimmungsaufwand erzeugt dafür in der Konzeption, Planung und in der operativen Abwicklung einen höheren Qualifizierungsbedarf.

Bei der Dezentralisierung des Materialflusses werden die Arbeitsinhalte bereichert, wenn auch nur bei kleinen Systemen, die relativ unkritisch sind und zeitlich einen bestimmten Spielraum haben. Dezentralisierung ersetzt jedoch die Gesamtplanung nicht.

Generell ist gerade hier eine Methodenkompetenz als Systemverstehen erforderlich. Diese Kompetenz ist nur bedingt rechnerunterstützbar – zum Beispiel durch geeignetes Layout von Bedieneroberflächen. Erlernbar ist sie nur durch ein hohes Ausgangsniveau der Ausgangsqualifikation.

Die Reduzierung der Kapitalbindung bei hoher Termintreue und bei gleichzeitiger Typenvielfalt des Produktspektrums zwingt zur Integration von Zeit- und Materialwirtschaft. In der rechnerintegrierten Fabrik führt dies dazu, daß im Funktionsfeld Materialwirtschaft zusätzliche Aufgaben der Fertigungsterminsteuerung, der Warenverpackung, des Versands oder der Fertigungsprogrammplanung wie des Einkaufs (um nur einige zu nennen) mit erledigt werden müssen. Dies führt zwangsläufig zur Bildung einer Systemmannschaft, deren Aufgabenfeld die bisherigen Bereichsgrenzen übersteigt. Diese Aufgaben können und müssen rechnerunterstützt abgearbeitet werden – die Rechnerunterstützung ersetzt die dabei erforderliche Qualifikation keineswegs.

Konstruktion: Die Konstruktion gilt nach wie vor als die Domäne genuin kreativen Schaffens. Die Befreiung von Routinearbeiten durch CAD-Systeme hat aber auch zu einer Arbeits- und Intensitätsverdichtung der Leistungsanforderungen geführt. Die technischen Mittel sind:

- CAD-Systeme mit benutzerfreundlichen Schnittstellen, objektorientierte CAD-Sprachen, die eine Kommunikation zur Arbeitsvorbereitung erleichtern und das Übersetzungsproblem lösen,
- Schnittstellen von der Arbeitsvorbereitung zu CNC-Maschinen.[6]

[6] CNC = Computer Numerical Control.

Die genannten technischen Hilfmittel erhöhen im allgemeinen eher den Qualifikationsbedarf, als daß sie die Anforderungen senken würden. Durch die Entroutinisierung fallen viele Aufgaben weg, die Niedrigqualifizierte hätten durchführen können.

Organisatorisch zeigen sich Integrationspfade zur Absatzwirtschaft. Zusammen mit der Konstruktion ist z.B. die direkte Kundenberatung am Bildschirm, die Information des Betriebs über die Machbarkeit bei Kundenwünschen, das Erzeugen und Pflegen einer Angebotsdatenbasis, die Nutzung der Informationen aus Stücklisten über PPS u.a. Dies läuft ebenfalls rechnerunterstützt, kann aber die notwendige Qualifikation wiederum nicht ersetzen.

Wissens- und Erfahrungsdefizite könnte ausgeglichen werden durch

- kurzfristige Abordnung von Mitarbeitern wechselseitig in Vertrieb, Produktion und Konstruktion,
- regelmäßig stattfindende Produktzirkel (z.B. auch Wertanalyse).

Diese Formen haben sich als sehr wirksam erwiesen.

Wichtig sind nach wie vor die Rückmeldung aus der Produktion und die Kontakte zu Vertrieb, Kunden, übriger Außenwelt, Produktion und Rechnungswesen.

Verallgemeinernd kann gesagt werden, daß die Bereitschaft, auf andere Bereiche im Betrieb zuzugehen und Integrationspfade aufzubauen, für die Qualifikation des Personals in diesem Bereich unumgänglich ist. Die technische Vernetzung wird diese Bereitschaft erzwingen; ist sie schon vorher vorhanden, ermöglicht das ein Vermeiden von viel Lehrgeld.

Arbeitsvorbereitung: Die Arbeitsvorbereitung stellt das klassische Bindeglied (und damit auch häufig einen Engpaß) zwischen Konstruktion und Fertigung dar. Hilfsmittel führen dazu, daß auch Fachleute zunehmend operative Tätigkeiten ausführen und nicht umgekehrt weniger Qualifizierte nun den Fachleuten Aufgaben abnehmen. Am häufigsten werden Entscheidungstabellen mit Kommentierungsfunktionen und Konsequenzmengengenerator verwendet.

Ein funktionierendes Bindeglied von der Konstruktion zur CNC-Programmierung wird bei jeder CIM-Planung vorrangig angestrebt. Die Datenintegration verkürzt Durchlaufzeiten, sie kann die Transparenz verbessern und die Aktualität der Informationen, sie effektiviert die Terminplanung und Verkürzung der Wartezeiten, aber sie führt auch zur Anforderung der Mehrmaschinenbedienung.

Zwar wird die Wechselwirkung Mensch und Maschine effektiver und effizienter, aber dies nur vermöge der Potenz des Menschen, mit der Maschine besser umzugehen als bisher. Dieser qualitative Sprung, der gerade in der Arbeitsvorbereitung sichtbar wird, schlägt sich auf der Seite der Qualifikationsanforderungen nieder und führt zu Leistungsverdichtungen.

Die Kopplung CAD-CAM verlangt die stärkere Anbindung der Arbeitsplanung an die Fertigungssteuerung und die Einbeziehung der Arbeitsvorbereitung in die anderen produktdefinierenden Bereiche. Dies führt zu starken

Veränderungen der Arbeitstätigkeiten in diesem Bereich. Auch hier ist eher das Konzept der Systemmannschaft erforderlich als das des mit High-Tech unterstützten Einzelkämpfers mit niedriger Ausgangsqualifikation.

Bei der Kopplung der Arbeitsvorbereitung mit der Produktionsplanung und -steuerung (PPS) gilt Sinngemäßes wie oben. Die Verlagerung des Schwerpunkts von der Neuplanung zur Ähnlichkeitsplanung und Variantenplanung, die Rücknahme der Arbeitsteiligkeit, die Integration von fertigungstechnischen und wirtschaftlichen Gesichtspunkten, die Anforderung, die Einrichtung von Betriebsmitteln wie deren Programmierung zu planen, gegebenenfalls selbst vorzunehmen, führt zu anderen Organisationsformen, die wiederum auf eine Systemmannschaft hinauslaufen. Auch die Aufhebung der Trennung von Produkt- und Betriebsmittelkonstruktion wirkt sich auf die Arbeitsvorbereitung direkt aus.

Vielfach gibt es gerade in der Arbeitsvorbereitung die klassischen Verständigungsprobleme. Hier ist Teamwork, auch als Methodologie, am ehesten geeignet, Qualifikationen, die nicht genutzt wurden, wieder zum Tragen zu bringen. Die entsprechende soziale Kompetenz wird dadurch gestärkt.

Planen, Steuern und Einrichten werden integriert werden. Diese Tätigkeiten haben verschiedene Sprachen entwickelt, die nun zusammengeführt werden müssen. Dies bedeutet das Erlernen dieser verschiedenen Sprachen. Das geschieht am besten vor Ort, nicht durch einsames Lernen an einem Bildschirm oder vor einem Medium.

Produktion: Dies ist der klassische Bereich der sog. Qualifikationsanhebung. In der Produktion werden in der Tat die technologisch orientierten Qualifikationen gebraucht und durch technische Hilfsmittel angehoben und unterstützt. Die gesamte Produktionsautomatisierung hatte und hat diesen Effekt, auch wenn sie nicht mit dieser Absicht betrieben wurde. Maßnahmen in diesem Bereich können sein:

- Automatisierung
- Flexibilisierung (Flexible Fertigungszellen und -inseln)
- Standardisierung
- Mischtechnologie (manuell, automatisiert, konventionell)
- Werkstattorientierte Programmierung (WOP).

Technisch ist eine sehr starke Anbindung an Qualitätssicherungssysteme zu erwarten sowie an die Arbeitsplanung und an die fertigungstechnologischen Bereiche (z.B. Betriebsmittelhersteller und -beschaffer). Das Gleiche gilt für Querschnittsbereiche wie die Instandhaltung. Die dabei eingesetzten technischen Hilfsmittel sind eben keine Hilfsmittel, sondern definieren den Fertigungsprozeß und damit auch die entsprechenden Kommunikationsstrukturen von Grund auf neu.

Die einzige technische Gestaltung, die tatsächlich von der bisherigen Qualifikation absieht, würde in einer autonomen Vollautomatisierung bestehen (menschenleere Fabrik). Dieses Konzept ist bekanntlich nicht durchführbar.

Die Organisation der Produktion ist direkt auf die Qualität der sie umgebenden Dienstleistungen (vgl. Schalenmodell in Abb. 12.1) und damit auf die Qualität der Informationsflüsse angewiesen.

Die Einführung von Systemen, die die Planung, Steuerung und Kontrolle von Fertigung, Montage und Qualitätsicherung unterstützen, verlangt ein integrales Systemverstehen. Gerade hier zeigt sich, daß CIM ein organisatorisches und erst sekundär ein technisches Konzept ist.

Produktionsplanung und -steuerung (PPS) sind deshalb nicht als Einmannbedienstationen auslegbar – Versuche in dieser Richtung sind gescheitert. Leitstände erfordern eine hochmotivierte und hochqualifizierte Mannschaft. Dies gilt auch für Einzelleitwarten im rollierenden Betrieb. Auch hier liegen Konzepte nahe, die erforderlichen Qualifikationen durch Lernen vor Ort und durch Integration in eine Systemmannschaft (Novize) zu erzeugen.

Man wird zunehmend auf Gruppenfertigung[7], auf Teams für Fertigungsinseln, Montageboxen und dergl. sowie gegebenenfalls auf rollierende Teams angewiesen sein.

Problemlösungen auf der Ebene der unmittelbaren Arbeit in der Fertigung erreichen nach und nach ein höheres Niveau. Das heißt, daß eher operative Tätigkeiten von hochqualifizierten Fachleuten (z.B. durch programmierbare Betriebsmittel) durchgeführt werden als planerische, integrative oder informationelle Tätigkeiten von An- und Ungelernten an einer Rechnerschnittstelle, die auf die jeweiligen kognitiven und mentalen Bedürfnisse solcher Mitarbeiter zugeschnitten sein müßte.

Qualitätswesen: In der Qualitätssicherung wird es durch das Motto „Qualität erzeugen, nicht herausprüfen“ zunehmend dazu kommen, daß das Qualitätswesen weder dem Produktionsprozeß vor- noch nachgelagert wird, sondern daß es in den Produktionsbereich selbst integriert werden wird. Die technischen Hilfsmittel zur Erfüllung der Arbeitsaufgaben sind:

- Statistical Process Control (vereinheitlichte Schnittstellen und Bedieneroberflächen)
- Automatisierung der Stichprobenkontrolle
- Automatisierung der Dokumentation und der Auswertung

CAQ (Computer Aided Quality Control) wird eine Schlüsselrolle beim CIM-Konzept erlangen. Daraus resultiert, daß sich die technischen Hilfmittel rasch verbessern werden und Standardisierungen eingeführt werden. Dies ermöglicht weniger Qualifizierten, Aufgaben in beschränktem Umfange aus dem operativen Bereich zu übernehmen, sofern sie sich auf die Handhabung von Stichproben, Erfassungs- und Kontrollmaßnahmen beziehen. Die Interpretation der Ergebnisse wird entweder automatisiert (durch intelligente Werkzeuge), oder sie wird von Fachleuten vorgenommen werden.

---

[7] Vgl. die Arbeiten über Fertigungssegmentierung und Fertigungsinseln von DUHNSEN, SCHLUND (1990).

Es zeigt sich, daß Job Rotation zur Produktion und Konstruktion erforderlich werden kann. Mitarbeiter des Qualitätswesens müssen notwendigerweise ein Gesamtverständnis für die Produktion und ihre Bereiche entwickeln. Dies geht nur vor Ort.

Weiter erforderlich wäre eine Verkürzung der horizontalen und vertikalen Regelkreise (zeitlich, funktional, hierarchisch). Darunter sind die Regelkreise gemeint, die einen Fertigungsprozeß auf den verschiedenen Ebenen abhängig von der Qualität des Produkts und der Produktionsmittel steuern, kontrollieren und regeln. Diese können technisch realisiert sein, setzen aber eine funktionierende Kommunikation der Mitarbeiter untereinander voraus. Hierzu bedarf es eines ausgesprochen kybernetisch orientierten Vorstellungsvermögens der Beteiligten.

Das Zusammenspiel von dezentralem Erfassen, zentralem Auswerten und wieder dezentralem Rückmelden als einer hier notwendigen Organisationsform führt zu einer weiteren Qualifikationsanforderung, die sich auf die Fähigkeit bezieht, rechtzeitig zu entscheiden. Entscheidungen sind technisch und organisatorisch unterstützbar, aber nicht durch Systeme ersetzbar.[8]

Will man in diesem Aufgabenfeld durch Job Rotation ein Systemverstehen erzeugen, so hat dies für die Organisation Konsequenzen. Während die Integration mit der vorbeugenden Instandhaltung noch aussteht, ist das Zusammenwachsen der Qualitätssicherung für Planung und Fertigung in systematischer Hinsicht absehbar. Deshalb müssen diese Bereiche vom künftigen Qualitätssicherer immer wieder einmal durchlaufen werden.

Instandhaltung: In der Instandhaltung, die sehr oft keinen eigenen betrieblichen Bereich aufweist, bestehen Defizite in der Maschinenbedienkompetenz, bei der Kompetenz zur Diagnose und zur eigentlichen Instandsetzung. Mögliche technische Unterstützung leisten hier:

- Diagnosesysteme, Ferndiagnosesysteme mit Wissensbasis (Expertensysteme)
- (Methoden-)Datenbanken
- Simulation des Produktionsprozesses und Prognose für präventive Instandsetzung
- Modularisierung der Technologie
- Bereitstellen von Daten aus anderen Funktionsbereichen (z.B. PPS)
- DV-Unterstützung bei der Servicetechnologie und der Entsorgung
- Enge datentechnische Kopplung mit dem Qualitätswesen.

Die Einführung solcher Technologien in die Instandhaltung und in den Servicebereich führen zu Änderungen der Aufbau- und Ablauforganisation. Oftmals unklare Kompetenzverteilungen müssen redefiniert werden. Dies weckt Widerstände. Eine Anhebung der Instandhaltungskompetenz als Qualifikati-

[8] Vgl. auch die Ausführungen über die Zeithorizonte im letzten Kapitel.

on des Systems Mensch *und* Technik ist möglich, allerdings nur für sehr kurze Zeit, wie Fallbeispiele zeigen.[9]

Organisatorisch hat sich gerade in der Instandhaltung viel verändert. Die Defizite sind jedoch die gleichen geblieben, treten aber deutlicher hervor: Planungskompetenz für Instandhaltungsstrategien, Kommunikationskompetenz (für den Umgang mit den betroffenen Bereichen) und soziale Kompetenz (eigenverantwortliches Handeln vor Ort). Denkbar sind folgende Maßnahmen:

- Verlagerung der Wartung und Inspektion hin zum Bediener des Gerätes,
- Systematischere Durchführung von geplanter und ungeplanter Instandsetzung,
- Geplantes Zentralisieren oder Dezentralisieren von Wartung und Inspektion,
- Bereitstellen von Daten aus anderen Funktionsbereichen.

Diese Vorschläge implizieren eine arbeitstechnische und organisatorische Trennung der Behebung von Störungen und der Wartung. Weiterhin führt dies zu einer Trennung von maschinen- oder gerätebezogener oder fachbereichsspezifischer Instandhaltung. Damit wird die Instandhaltung als organisatorischer und als funktionaler Bereich flexibler. Solche organisatorischen Maßnahmen entbinden aber die Mitarbeiter nicht von einer gründlichen Auseinandsetzung mit der nötigen Technik, sondern fordern sie noch mehr. Qualifikationsersetzend sind diese Maßnahmen daher ebenfalls nicht.

Das Berufsbild des Instandhalters gibt es nicht (mehr). Die Dezentralisierung hat hier für eine Aufweichung gesorgt. Die gewünschten Qualifikationen, einschließlich der Qualifikationstiefe, sind nicht ohne weiteres zu finden. Folgende personelle Maßnahmen sind denkbar:

- Multiqualifikation und Erfahrungsammeln durch Rotation, Meetings und dergleichen,
- Rekrutieren durch einen internen firmenweiten Stellenmarkt (nötigenfalls Neueinstellungen),
- Fördern eines ganzheitlichen, systemorientierten Denkens durch Vorbildfunktionen und durch Arbeiten an Modellen,
- Bilden von Kleinteams, die mit Personal aus verschiedenen Funktionsbereichen (Materialwirtschaft, Arbeitsvorbereitung, Produktion etc.) besetzt sind, z.B. wie in einer Fertigungsinsel.

Die Unterschiede in den Berufsbildern (z.B. Elektro- und Metallberufe) und die z.T. nur aus einer Ständepolitik heraus verstehbaren Untergliederungen[10] behindern zum Teil die integrative Problemlösung beim Instandsetzen vor Ort. Kleinere und mittlere Betriebe regeln diese Probleme meist informal,

[9] Vgl. BULLINGER, BETZL (1991).

[10] Angehörigen von Metallberufen sind z.B. nur Arbeiten an Anlagen erlaubt, die für Schwachstrom ($U \leq 40$ Volt) ausgelegt sind.

sofern genügend berufiche und praktische Erfahrungen vorhanden sind. Denkbar ist ferner, daß in den angesprochenen Kleinteams Mitarbeiter sind, die neben der Instandhaltung Fachaufgaben in anderen Funktionsbereichen wahrnehmen und dort für bestimmte fachliche Kompetenzbereiche zuständig sind. Dies entspräche einer Mehrfachverwertung vorhandener Qualifikationen.

Personalwesen: Die Versuchung ist groß, in diesem Bereich den Einsatz von Softwarepaketen zur Personalbedarfsplanung anzustreben. Standardsoftwarepakete weisen bestimmte Mängel auf, da sie meist keine Standardauswertung zur Ermittlung des Personalbestands zu einem bestimmten Stichtag enthalten. Die Möglichkeiten für eine Computerunterstützung bei der Personalplanung wird als gering angesehen (vgl. BESEMER, FINZER 1990).

Ebenso dürfte der Einsatz von Expertensystemen für das sog. Personal-Assessment (Personalbeurteilung beim Bewerbungsverfahren) als kritisch angesehen werden. Nach GELHARD (1990) befindet sich noch kein Expertensystem im Personalwesen im Einsatz. Neben Akzeptanzproblemen gibt es Bedenken, Expertensysteme entscheidungsersetzend einzusetzen. Eine Lücke zwischen der vorhandenen Qualifikation der Mitarbeiter im Personalwesen und der erforderlichen Qualifikation schließt sich durch den künftigen Einsatz solcher Systeme aller Voraussicht nach nicht. Neuere organisatorische Konzepte beziehen sich auf das sogenannte Personal Controlling und Bildungs-Controlling.

Die dem Finanz-Controlling analoge Aufbaustruktur, in der die Controller arbeiten, impliziert in der Regel das Auseinanderfallen von disziplinarischer und fachlicher Unterstellung. Dies führt oft zum Mißerfolg solcher Organisationsformen. Auch hier ist eine Erhöhung der Qualifikationsanforderungen an die Mitarbeiter die Folge.

Weiter denkbar ist eine Verlagerung der Personalverantwortung in die Fachbereiche und eine Übernahme von Hilfs- und Vermittlungsfunktionen durch einen stark reduzierten Bereich, der dem verteilten Personalmanagement zuarbeitet.

Diese von vielen Fachleuten für möglich gehaltene Entwicklung führt jedoch wiederum zu einer Zunahme der Qualifikationsanforderungen an die für Personalfragen zusätzlich zuständigen Mitarbeiter in den Fachbereichen. Die Mehrfachnutzung vorhandener Qualifikation ist gegeben und kann u.U. auch durch den Einsatz von Personalinformationssystemen unterstützt werden. Letztlich sind aber die Aufgaben der Personalentwicklung, -führung und -verantwortung nicht routinisierbar.

Es gibt die Erfahrung, daß gerade der Personalbereich dazu verleitet, Mitarbeiter, die ihren Leistungszenit in anderen Bereichen überschritten haben, mit Aufgaben des Personalwesens zu betrauen. Diese Besetzungsstrategie rächt sich schnell, da das Personalwesen mit der Investition „Qualifikation“ umgehen muß. Hier ist selbst Qualifikation erforderlich, die nur bedingt DV-unterstützbar und durch technisch-organisatorische Maßnahmen nicht ersetzbar ist. Hier gilt, wie in allen anderen Bereichen auch, daß Erfahrungswissen nicht oder nur unter sehr großen Einschränkungen durch Technik unterstützt werden kann, aber daß es keinesfalls durch Technik ersetzt werden sollte.

Mit der Erörterung des Personalbereichs soll diese kurze Übersicht schließen. Generell dürfte bei all diesen Bereichen und den mit ihnen verbundenen Maßnahmen gelten, daß ihre Sozialverträglichkeit gesichert sein muß. Darunter versteht man einen zunächst nur reaktiven Begriff, d.h., daß eine bestimmte Technologie darauf geprüft wird, ob ihre Einführungen soziale Folgen zeitigen können, die möglicherweise nicht erwünscht sind. Der Begriff Gestaltung bedeutet aber weitergehend, daß schon beim Entwurf von Organisation *und* Technik die langfristigen Folgen antizipiert werden und daß auch bedacht wird, welche aktuellen und zukünftige Folgen eine Nichtanwendung bestimmter Techniken haben könnte (vgl. SCHULENBERG 1987).

Die hier gemachten Vorschläge zur Umsetzung eines Qualifikationskonzepts setzen deshalb voraus, daß in den Betrieben und Institutionen das Verhältnis von Qualifikation, eingesetzter Technologie, der Arbeitsgestaltung und der Gestaltung von Arbeitszeit, Entlohnung und sozialem Umfeld in einer Weise diskutiert und entschieden werden kann, wie sie den aktuellen Formen der kooperativen Konsensbildung und Mitbestimmung, die immer mehr zur Mitverantwortung wird, entspricht.

12.4 Zum erneuten Gestaltungsbedarf

Durch die seit dem 9. November 1989 eingeleitete Entwicklung in Deutschland stellt sich die Frage nach der Technikgestaltung und der Qualifizierung in der CIM-Fabrik und für sie infolge vieler geänderter Umstände allerding nochmals neu.

Offenkundig ist der durch eine jahrzehntelange vergleichsweise isolierte Entwicklung des auf zentraler Lenkung beruhenden Systems der Planwirtschaft in der DDR verursachte Unterschied in der Produktivität der Unternehmen. Allerdings wird aus der Sicht vieler Wirtschaftsvertreter aus den Betrieben der DDR diese unterschiedliche Produktivität eher auf unterschiedliche technische Ausgangssituationen zurückgeführt. Die Bewertung der organisatorischen oder qualifikatorischen Faktoren ist im Bewußtsein der Verantwortlichen noch wenig präsent.

Die wirtschaftliche Situation und der technisch-organisatorische Zustand vieler Betriebe sowie der Zustand der Institutionen und Verwaltungen erfordern eine umfassende organisatorische, technische und marktliche Erneuerung. Diese Erneuerung kann durch Technologietransfer, durch Technologiediffusion und durch Instandsetzung und konsequente Anwendung der Informations- und Kommunikationstechniken zwar unterstützt und gefördert, aber nicht ersetzt werden.

Der Einsatz und die Entwicklung weiterer Anwendungsmöglichkeiten der Informations- und Kommunikationstechnik unterliegt in den neuen Bundesländern besonderen Bedingungen, die mit den Bedingungen in den alten Bundesländern nicht ohne weiteres verglichen werden können. Dies wird längere Zeit auch so bleiben. Der Einsatz der Informations- und Kommunikationstechnik scheint insbesondere in den Bereichen am dringendsten, die von der Organisation und der Struktur der Branchen her eine räumlich verteilte Arbeitsteilung aufweisen.[11]

Die mögliche Entwicklung besonderer Formen der Informations- und Kommunikationstechnik und deren Anwendungen aufgrund der genannten Bedingungen und ihre Auswirkungen in den neuen wie den alten Bundesländern sind ein wichtiges Thema für die Technikfolgenforschung in den ostdeutschen Bundesländern.[12]

Sicher gilt hier wie auch für die „normale" CIM-Entwicklung, daß man technische Installationen schneller bewerkstelligen kann, als die dazu notwendige Qualifikation zu erreichen. Der Qualifizierungsdruck wird sich demnach sehr schnell auswirken, aber er wird nicht sofort zu schnell umsetzbaren Lösungen führen.

Sicher wird die Versuchung groß sein, solche Betriebe, deren Organisation und Technologie in keiner Weise dem westlichen Standard entspricht, durch Technologie- und Organisationsimport gleich von Grund auf instandzusetzen. Dies funktioniert aber nur mit einer eingespielten Systemmannschaft, die sich aus bekannten Gründen überwiegend aus Branchenfachleuten aus dem westlichen Teil zusammensetzen dürfte.

Es wird vermutlich notwendig sein, in geduldiger Kooperation Fachleute aus den Betrieben in West und Ost zusammenzubringen, um ein Konzept zu erarbeiten, das mit den bestehenden Berufsbildern in den alten und neuen Bundersländern kompatibel ist. Diese Quadratur des Kreises wird wohl mit exemplarischen Schulungs- und Kurskonzepten, aber auch mit Konzepten des dezentralen Lernens, des Qualifikations- und Know-how-Transfers mittels geeigneter Personen erfolgen müssen.

Dabei ist die Einführung bereits bestehender und in westlichen Organisationsformen funktionierender und weiter entwickelbarer Lösungen von CIM-Komponenten und ihre teilweise Vernetzung auf die betrieblichen Strukturen der alten planwirtschaftlichen Betriebe nicht oder nicht ohne weiteres anpaßbar. Dies hängt nicht nur mit einer über lange Zeit hinweg gewachsenen Einstellung zur Arbeitsteiligkeit und zu komplexen Planungsprozessen zusammen, sondern auch mit der Weise, sich weiter zu qualifizieren. Während die polytechnische und fachliche Ausbildung im Bereich der Erst- und Grundausbildung als sehr gut und gründlich angesehen wird, hegen westliche Experten Zweifel an der Möglichkeit, durch schnelle Maßnahmen zu einem be-

[11] Nach einer IAB-Statistik (Institut für Arbeitsmarkt- und Berufsforschung) (vgl. N. N. 1990 f, S. 87) sind rund 12% der Erwerbstätigen in der ehemaligen DDR mit Reparaturen und Instandhaltungsarbeiten beschäftigt (in der BRD vor der Vereinigung zum Vergleich ca. 5,7%). Handel, Gastronomie und Dienstleistungen binden im Vergleich mit den alten Bundesländern weitaus weniger Beschäftigte.

[12] Vgl. auch die Ausführungen in der Funkschau, März 1991: „Telekommunikation in Ostdeutschland" (N. N. 1991 b).

friedigend Stand der Methoden- oder gar Sozialkompetenz zu kommen. Hier sind sicher auch Faktoren wie eine Berufseinstellung, die sich trotz Wertewandels von der des westlichen Europas erheblich unterscheidet, oder eine zur Theorie der Marktwirtschaft konträr stehende Wirtschaftlichkeits- und Kostenrechnung zu nennen.[13]

Es gibt gute Gründe anzunehmen, daß sich bei den Neugründungen in den neuen Bundesländern eine Chance ergibt, unabhängig von bereits vorhandenen betrieblichen Strukturen und Traditionen – seien sie westlicher oder östlicher Provenienz – neue Organisationsformen, die einer Rechnerintegration förderlich sind, auszuprobieren und zu installieren. Hier wird es auch auf die Experimentierfreudigkeit derer ankommen, die sich für die Qualifizierung verantwortlich fühlen und die der Auffassung sind, daß erst eine Strategie das Betriebsziel bestimmt, daß dieses in funktioneller wie in humaner Beziehung in einer Ablauf- und Aufbauorganisationen seinen Ausdruck findet und daß diese Organisation wirkungsvoll durch eine sorgfältig ausgewählte Technologie unterstützt und verwirklicht werden kann.

[13] Zum Wertewandel in den Ländern der Europäischen Gemeinschaft vgl. auch FAST (1987), insbes. S. 109–116.

13. Gestaltung, Praxis und Verantwortung

13.1 Das Problem der Praxis

Gerade die mittleren und kleinen Betriebe wie auch die Betriebe in den neuen Bundesländern sind angesichts der Komplexität und der Rasanz der technischen Entwicklung mehr denn je auf ein Orientierungswissen angewiesen, das zu einem wirtschaftlich tragbaren Aufwand das Unternehmen in die Lage versetzt, unabhängig von den Vorgaben der großen Firmen entscheiden und agieren zu können. Diese Unabhängigkeit beim Zugang zum „Rohstoff" Information ist auch eine stabilisierende Bedingung für einen funktionierenden freien Markt und für eine Pluralität von organisatorischen und technischen Lösungen.

Man spricht heute viel über eine multikulturelle Gesellschaft. Die Informations- und Kommunikationstechnologie, die sich in einem noch nie dagewesenen Aufbruch befindet, wird zu einer „multitechnologischen" Wirtschaft und Gesellschaft führen, in der verschiedene Techniken und organisatorische Konzepte koexistieren und miteinander agieren. Die Voraussetzung dazu ist, über die Entwicklungen frühzeitig Bescheid zu wissen, damit sich keine firmenspezifische oder brancheneigene Teiltechnologie als einzige Technologie durchsetzt und dann diese Organisationsform alle anderen Anwender und Bereiche zu dominieren beginnt.

Wenn der Mensch mit seiner Fähigkeit, Verantwortung wahrzunehmen, auch in der Technikgestaltung ernsthaft im Mittelpunkt steht und nicht als unzuverlässige Systemkomponente betrachtet wird, die einer schnellen und gewinnbringenden Einführung im Wege steht, dann verlangt eine solche Technikgestaltung auch bei den Informations- und Kommunikationstechniken, die vielfältigen Möglichkeiten dieser Technologie so zu nutzen, daß der damit arbeitende Mensch sich in seiner Tätigkeit wiederfinden kann.[1]

Dies ist aber nur möglich, wenn Gestalter und Benutzer von Technologien, und hier der Informations- und Kommunikationstechniken, sich der gravierenden Änderungen in unserem Bildungsgut bewußt werden, die diese Techniken und die dazu notwendigen Organisationsformen nicht nur hervor-

[1] Über die sozialverträgliche Technikgestaltung gibt es ausführliche Literatur vor allem von der Seite des in Nordrhein-Westfalen durchgeführten Projekts. Einen guten Überblick über die Problematik gibt SCHULENBERG (1987).

rufen werden, sondern die selbst auch eine neue Technikgestaltung zur Folge haben werden.

Deshalb soll in diesem Kapitel auf ethische Fragen eingegangen werden, die abhängig sind vom Selbstverständnis des Menschen, sofern es durch die modernen Informations- und Kommunikationstechniken berührt werden könnte. Dabei zeigt sich, daß auch das, was wir von der Technik fordern und was wir für wünschbar und unerwünscht halten, in weitem Maße durch philosophische und weltanschauliche Gedankengänge geprägt ist.

13.2 Nochmals: Praktische Vernunft

Daß der Schöpfer sich in seinem Werk wiederfinde, daß es seine Wesenszüge widerspiegele, daß der Schöpfer und sein Werk, das durch seine Arbeit entstanden ist, ein gemeinsames Wesens hätten – diese Vorstellung tauchte im herstellenden Gewerbe, dem Handwerk, erst im Hochmittelalter auf. Sonst war Arbeit (mittelhochdeutsch: *arebeit*) ein Synonym für Plage und Beschwernis, für Fron und Knechtschaft.

Daß der Widerspiegelungsgedanke auf die Arbeitswelt übergreift, daß der Arbeitende sich in seiner Tätigkeit wiederfindet und aus ihr Beruhigung, Individualität und ein Zu-sich-selber-kommen schöpft, zeigt, daß sich das Verhältnis zur Arbeit mit der handwerklichen Kultur zu ändern beginnt. Diese Kultur ist auch als eine erste Verselbständigung in standespolitischer wie in privatrechtlicher Hinsicht anzusehen. Die Werkstatt als Ort der Selbstverwirklichung entsteht, und dieser Ort zeigt die individuellen Züge des dort arbeitenden Menschen.

Daß Karl Marx in der ersten Phase der Industriellen Revolution des 19. Jahrhunderts diesen Widerspiegelungsgedanken mit dem Begriff der entfremdeten Arbeit wieder einklagen mußte, zeigt, daß die Mechanisierung der Arbeit das gerade gewonnene Verhältnis des Menschen zu seiner Arbeit zu brechen drohte und wohl auch gebrochen hat – die Taylorisierung der Arbeit brachte den Arbeitsplatz hervor, dem man nicht mehr ansieht, was auf ihm gerade gefertigt oder montiert wird.

Die dazugehörenden architektonischen und ergonomischen Gestaltungen der Arbeitsplätze – von der Werkstatt in die fast höhlenartig anmutenden Räume einer Manufaktur, über die lärmenden Hallen der großen Produktionsanlagen bis hin zum leisen Surren klimatisierter, mit Rechnern vollgestopfter Büros – diese Gestaltung ist ein Symptom für die Haltung zur Arbeit: Je selbstbestimmter sie geleistet werden kann, um so mehr lichten sich die Räume, hellen sie sich auf, werden untereinander zugänglich, erhalten eine flexible Struktur.

Die Selbstbestimmung der Arbeit trägt das Moment der praktischen Vernunft bereits in sich, denn eine Haltung, die vom Zweck des hervorgebrachten Produkts absieht und lediglich die Herstellung für optimierenswert hält, kann man nicht mit unserem heutigen Verständnis von Selbstbestimmung in Einklang bringen.

Die Haltung der praktischen Vernunft kann also nicht den Zweck von der Handlung trennen und sie dadurch instrumentalisieren. Oftmals wird die technische Zweckrationalität als lediglich instrumentalistisch bestimmt angenommen, weil man annimmt – und dies tun viele Ingenieure –, daß Technik primär durch vorgegebene Funktionalitäten bestimmt sei. Idealerweise würde man annehmen, daß eine akzeptierbare Technik – aus welchen rationalen, irrationalen oder kulturellen Gründen auch immer Akzeptanz zustande kommt oder nicht – höchstens eine notwendige, aber keine hinreichende Voraussetzung für ihre Marktfähigkeit sei. Denn es gibt Techniken, deren Entwicklungsdauern und Zeiten für ihre Einführung ungewöhnlich lange waren – so dauerte es beim Telephon 40 Jahre, bis diese Technik marktreif geworden war.[2]

Das bedeutet, daß die Akzeptanzfrage immer dann gestellt wird, wenn der Zweck der Technik selbst thematisiert wird und von der Funktionserfüllung – zu Recht oder zu Unrecht – abgesehen wird.

Man hat relativ früh erkannt, daß Technik als eine eben auch soziale Veranstaltung soziale Folgen hat – erwünschte und unerwünschte –, daß eine Bewertung der Technik und damit eine Werthaltigkeit der Tätigkeit des Ingenieurs und des Technikbetreibers dazu zwingt, sich mit dem Zusammenhang von ethischen Kategorien und technologischen Grundsatzentscheidungen auseinanderzusetzen.[3]

Diese Auseinandersetzung kann sehr radikale Formen annehmen. Sie reicht von der Auffassung über die Neutralität des technischen Mittels bis hin zur Kritik, wonach die Begriffe der Naturwissenschaft schon so angelegt seien, daß eine darauf aufbauende Technologie prinzipiell naturberaubenden und damit zerstörerischen Charakter haben müsse.

Die praktische Vernunft im oben skizzierten Sinne kann eine instrumentalistische Sicht, die Funktion und Zweck als wertneutral strikt trennt, nicht übernehmen, da sie bei der Gestaltung von Technik die Verantwortung für ein technisches Mittel mitreflektieren muß. Damit ist sie eine notwendige Voraussetzung für das Wahrnehmen von Verantwortung.

---

[2] In BECKER (1989 a, S. 22) wird auf eine Techniklinie hingewiesen, die zunächst die schnelle Ausbreitung des Telephons verhinderte, dann aber selbst keine Weiterentwicklung und weitere Marktdurchdringung erfahren hat – die Rohrpost.

[3] Vgl. LÜBBE (1990, S. 178 ff.).

Dabei ist zunehmend der Begriff der Verantwortung in den Vordergrund gerückt, mit dem sich der Ingenieur auseinandersetzen muß. Daß es Ethikkodizes für Ingenieure gibt, zeigt, daß dies kein Problem akademischer Seminare für Ethik geblieben ist.[4]

13.3 Ethische Fragen

Dieser Abschnitt soll einigen ethischen Fragen gewidmet sein. Damit kann aber lediglich skizziert werden, wie Verantwortung bei der technischen Gestaltung von Systemen, die die Kommunikations- und Organisationsstrukturen menschlichen Zusammenlebens in Arbeitszeit und Freizeit wesentlich mitbestimmen, wahrgenommen werden könnte. Unter Wahrnehmen von Verantwortung sei sowohl das Gewahrwerden wie das tätige Handeln verstanden.

13.3.1 Pluralistische Ethik

Träger der Verantwortung können nur Individuen sein – so lautete bis zu Beginn der neuen Diskussion um Ethik die vorherrschende Meinung. JONAS (1984, 1987) hat eine Verantwortungsethik zur Diskussion gestellt, die „das Neuland der kollektiven Ethik" betreten soll, aber die ethische Überforderung der einzelnen Technikgestalter vermeiden helfen will. Bei aller fachphilosophischen Kritik, die das Werk von H. Jonas erfahren hat, bleibt festzuhalten, daß seine Überlegungen beginnen, in die Gestaltung von Technik einzufließen.

Man tendiert heute in der Diskussion, die auch im VDI geführt wird, zu Prinzipien einer pluralistischen Verantwortungsethik.

Eines dieser Prinzipen ist das Prinzip der Mehrwertigkeit. Danach gibt es keinen einzelnen, primären Wert, dem sich alle anderen Werte unterordnen müßten, wie dies bei früheren Ethikvorstellungen zu finden ist. So rangiert noch bei KANT (1797) die Pflicht zur Wahrheit vor der Pflicht, Menschen aus Not oder Verfolgung zu retten. Beim Prinzip der Mehrwertigkeit kann es Werte geben, die gleichrangig sind. Zudem kann es Werte mit einer in der Zeit veränderlichen Präferenzrelation geben, d.h. daß zu verschiedenen Zeiten die obersten Werte unterschiedlich sein können.

Ein anderes Prinzip ist das Prinzip der Kontextualität. Damit wird nicht nur die Erfahrung ausgedrückt, daß in verschiedenen Kulturen verschiedene Wertevorstellungen herrschen, sondern daß auch verschiedene Lebenswelten (Betrieb, Nachbarschaft etc.) unterschiedliche Werte und Präferenzen haben.

[4] Es gibt eine Reihe von Erklärungen zur Ingenieursethik, die von verschiedenen Ingenieurs- und Berufsverbänden in selbstverpflichtender Absicht formuliert und verabschiedet worden sind, so die Karmel-Erklärung, der Ethikkodex der ASCE, das Bekenntnis des Ingenieurs (1950, VDI), Ethikkodex der IEEE, den „Code of Conduct" der British Computer Society und weitere Deklarationen (vgl. LENK, ROPOHL 1987).

Was in einer solchen Kommunikationsgemeinschaft einen Wert darstellt, ist nicht unbedingt für eine andere Kommunikationsgemeinschaft ein Wert.[5]

Das Prinzip der Interkontextualität besagt, daß eine Kommunikation über Werte aber zwischen den verschiedenen lebensweltlichen Vollzügen und Bereichen möglich sein muß, damit die Beziehungen zwischen den verschiedenen Kommunikationsgemeinschaften geregelt werden können. Zwischen den Werten, den Präferenzrelationen und den Diskursregeln (wie man über Werte vernünftig redet) verschiedener Kommunikationsgemeinschaften müssen daher Transformationsregeln erarbeitet werden, so daß ein rationales Argumentieren zwischen Vertretern dieser Gemeinschaften möglich ist (z.B. Ingenieure, Politiker, Jugendliche, Betroffene, Anwender, Hersteller). Das Erarbeiten solcher Transformationsregeln wird als Bedingung der Möglichkeit von ethischen Diskursen zwischen den Kommunikationsgemeinschaften zur Pflicht.[6]

Gerade bei der Gestaltung von Informations- und Kommunikationssystemen (dies gilt für betriebliche wie private Zwecke) sind immer Abwägungen durchzuführen, die konfligierende Interessen von Beteiligten berücksichtigen müssen.

Somit werden die Bewertungsprozeduren von Technologien immer auch Fragen nach den zugrundeliegenden Normen beinhalten. Unter Normen seien hier Sätze verstanden, die Ge- oder Verbote oder Erlaubnisse ausdrücken. Die Normen sind aus einer gewählten Ethik und aufgrund gefallener Werteentscheidungen ableitbar oder begründbar.

Will man in einem konkreten Fall prüfen, ob ein bestimmtes System als Automat (d.h. in selbststeuerndem Betriebsmodus) eingesetzt werden soll oder nicht, so wird man nach der Abschätzung der Folgen eines solchen Einsatzes nach den Normen fragen, die es erlauben, die Folgen zu bewerten. Eine solche Prüfprozedur kann dann aus folgenden Fragen bestehen:

1. Welche Folgen für Menschen und Sachen (Güter) hat ein Systemfehler einer Anlage, der bei menschlicher (Nach-)Kontrolle mit größerer Wahrscheinlichkeit hätte vermieden werden können?
2. Welche Folgen für Menschen und Sachen (Güter) hat ein Systemfehler der Anlage, der bei maschineller oder computerunterstützter Kontrolle mit größerer Wahrscheinlichkeit hätte vermieden werden können?
3. Sind die Folgen abschätzbar, überhaupt vergleichbar und kann sie der Systembetreiber verantworten?
4. Auf welcher Norm begründet sich die vom Systembetreiber eingeschätzte Verantwortbarkeit der Folgen und ihrer Eintretenswahrscheinlichkeit in beiden Fällen?

[5] So haben Jugendliche und Erwachsene, Technikkritiker und Ingenieurverbände jeweils verschiedene Wertevorstellungen, vgl. auch NOLLER, PAUL (1989).

[6] Anders wäre ein vernünftiges Gespräch zwischen Befürwortern und Gegnern einer bestimmten Technologie nicht möglich – man denke an die Auseinandersetzung um ISDN, Umweltbelastung oder Kernenergie.

5. Wenn diese Fragen nicht oder nur mit sehr großem Aufwand zu beantworten sind, den der Systembetreiber nicht vertreten will oder kann, so ist nach der Norm zu fragen, die einen Einsatz oder Nicht-Einsatz einer entscheidungsautomatisierenden Technologie rechtfertigt.

Gerade bei Technologien, die eine solche ersetzende Funktion haben (zum Beispiel beim geplanten Einsatz von Expertensystemen in expertenersetzender Absicht, um die Qualifikation von Mitarbeitern bei der Bedienung einer Anlage „anzuheben") und die damit unsere Handlungen beschleunigen und verstärken, ist danach zu fragen, ob wir sie beherrschen können oder ob wir Sicherungen einbauen müssen, die gelegentlich die optimale Funktionalität im Sinne einer optimalen ökonomischen Verwertbarkeit beeinträchtigen. Dies gilt auch bei der Planung und Auslegung z.B. von Fernwirksystemen mittels Telephonleitungen, für die Leitstandstechnik, für die Verlegung von Multi-Media-Systemen (MMS) zur Rezeption rein symbolischer, abstrakter Größen (Stichwort Entsinnlichung). Es wird oft als Argument eingewendet, daß Umweltqualität, Erhöhung des Grades an Sicherheit etc. ihren Preis haben. Die Frage ist jedoch immer, in welchem Zeithorizont man eine Kosten-Nutzen-Betrachtung anstellt. So ist die Aussage verständlich, daß Ethik letzten Endes eine ökonomische Betrachtung mit einem sehr großen Zeithorizont sei.

13.3.2 Zeithorizonte

Wir wollen diese Fragestellung für das Problem der Entscheidung, vor der zum Beispiel ein Team zur Gestaltung von Systemen steht, etwa näher betrachten. Entscheidungen bedürfen einer gewissen Zeit. Dabei kann man unterschiedliche Zeithorizonte ausmachen.

Als Anregung seien einige solche Horizonte genannt:

Denkzeit (D): Zeit, die man benötigt, um zu einem Konzept, z.B. in der Fertigungstechnik, zu kommen;
Planzeit (Pl): Zeit, in der die Planungsaufgabe erledigt werden kann oder muß;
Planungshorizont (Ph): Zeitraum, über den sich die Planung erstreckt;
Entscheidungshorizont (Eh): Zeitraum, für den eine gefällte Entscheidung gültig sein soll;
Handlungshorizont (Hh): Absehbare Zeit, in der bestimmte mögliche Handlungen durchführbar sind;
Entscheidungszeit (Ez): Zeit, in der die Entscheidung gefällt werden kann oder muß;
Handlungszeit (Hz): Zeit, die man zum aktuellen Handeln braucht.

Die Verhältnisse zwischen diesen Zeiten sollten so proportioniert sein wie bei einer Entscheidung, die mit dem berühmten gesunden Menschenverstand gefällt wird. Obwohl diese Betrachtungsweise den iterativen Charakter von

Entscheidungsprozessen noch nicht berücksichtigt, lassen sich doch einige notwendige Bedingungen für diese Zeitverhältnisse angeben. Diese Bedingungen gelten auch für Teilentscheidungen im iterativen Durchlaufen des Prozesses.

Diese Verhältnisse lassen sich so ausdrücken (vgl. Abb. 13.1):

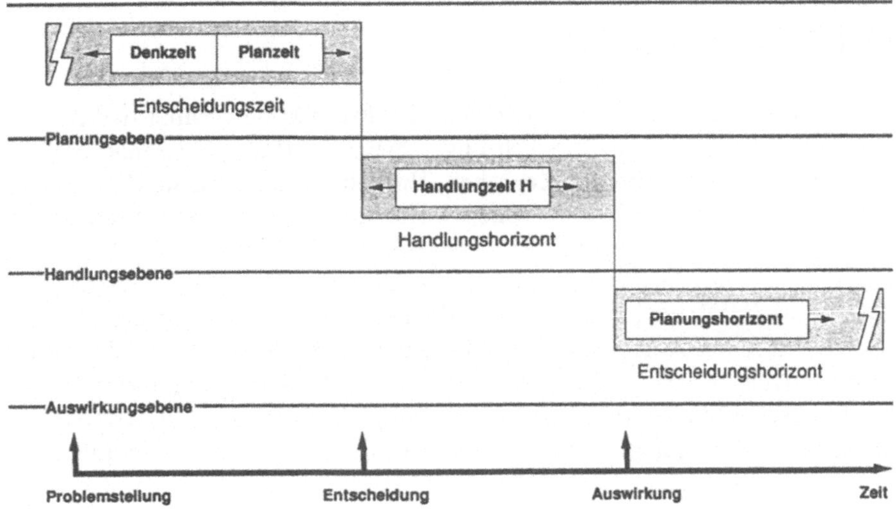

Abbildung 13.1. Zeithorizonte bei Entscheidungen

Denkzeit **D** und Planzeit **Pl** sollen als Summe in das Zeitintervall der Entscheidungszeit **Ez** hineinpassen. Der Entscheidungszeit schließt sich das Intervall des Handlungshorizontes **Hh** an, in dem die Handlungszeit **Hz** liegen muß. Die Wirkung der Handlung setzt meist spätestens bei ihrem Abschluß ein. Ab diesem Zeitpunkt beginnt der Planungshorizont **Ph**, der in der Regel kleiner ist als der Entscheidungshorizont **Eh**.

Sind diese Proportionen durch eine bestimmte Technologie gefährdet, z.B. daß für eine Entscheidung nicht genügend Zeit bleibt (Probleme in Leitstand und Cockpit), oder wenn die Nachprüfung einer Entscheidung so lange dauert, wie der Entscheidungshorizont zeitlich ausgelegt ist (z.B. Verifikation von Störmeldungen und Reaktion darauf), dann ist dies ein starker Hinweis dafür, daß Verantwortungsprobleme entstehen können und daß so gefällte Entscheidungen nicht erwünschte Folgen haben könnten, die man *so* hat antizipieren können.

Die Verschiebung der erläuterten Zeitverhältnisse bei Entscheidungen kann in der Tat zu einem Auseinanderfallen von „Merkwelt und Wirkwelt" (APEL 1980, S. 27), also der Wahrnehmung dessen, was wir tun, und dessen, was wir damit erreichen, führen. Dieses Auseinanderfallen, das im militärischen Bereich zu den bekannten Diskussionen um Abschreckung und Vorwarnung geführt hat, kann den produktionstechnischen Bereich erreichen, da der Einsatz der angesprochenen Systeme zu einer Beschleunigung der Prozesse und zu einer Verkürzung der Entscheidungszeiten führen kann. Wer bei solchen Entscheidungszeiten noch Verantwortung wahrnehmen kann, ist ein offenes Problem, dessen Lösung auch haftungsrechtliche Auswirkungen haben dürfte.[7]

13.4 Verantwortung

So sind sicherheitsrelevante Bereiche in der Produktionstechnik dadurch gekennzeichnet, daß ein als möglich angesehener Störfall gravierende und zumeist irreversible Folgen für Menschen, Umwelt, wirtschaftliche Existenz des Unternehmens etc. nach sich ziehen kann. In diesem Zusammenhang werden bei der Debatte geringe Eintretenswahrscheinlichkeiten von Störfällen als entscheidend angesehen, wenn die Folgen als nicht akzeptierbar erscheinen. Hierfür sei ein Beipiel genannt: Die Erniedrigung des Risikos des Betriebs einer technischen Anlage durch die Bereitstellung besserer Kontrollinformationen mittels der DV-Technik ist unbestritten. Die Abwägung, dieses Wissen durch entscheidungsunterstützende wissensbasierte Systeme bereitstellen zu lassen, muß nach gängiger Auffassung davon abhängen, wie vollständig, zuverlässig, konsistent oder aber überprüfbar dieses Wissen ist, selbst wenn keine Anstalten gemacht werden, dieses Wissen automatisch in Systement-scheidungen umzusetzen.[8]

Da das Konsistenzproblem bei der Wartung von Wissensbasen nicht zur Zufriedenheit gelöst ist (vgl. COY 1988) und da die Vollständigkeit des erforderlichen Wissens bei komplexen Systemen (umfangreiche Produktionsanlagen können als komplex angesehen werden) nie in zufriedenstellendem Maße durch nur eine Instanz erreicht und nachgeprüft werden kann, folgt, daß der Einsatz wissensbasierter Systeme für sicherheitsrelevante Aufgaben unter gewissen Prämissen nicht gerechtfertigt werden kann.

Eine dieser Prämissen könnte beispielsweise durch die Norm ausgedrückt werden, daß das billigende Inkaufnehmen einer möglichen gravierenden Schädigung von Menschen, selbst bei kleinem Risiko des Eintretens gegenüber dem billigenden Inkaufnehmen von geringfügiger Schädigung bei größerer Eintretenswahrscheinlichkeit vorzuziehen ist.

Bei der Diskussion um die Gestaltung zukünftiger Technologien wird immer wieder vor der „Enteignung des Wissens", der Entmündigung des Menschen durch anonymisierte, weil systemvermittelte Entscheidungen, der Entwürdigung durch Dequalifikation, Re-Taylorisierung und der Entfremdung des Mitarbeiters durch Verabstrahierung des Produktionsprozesses gesprochen.

---

[7] Vgl. KORNWACHS (1991 c).

[8] Risiko ist ein quantitativ bestimmbarer Begriff (auf der Basis von wahrscheinlichkeitstheoretischen Begriffen), wobei im Gegensatz hierzu die Sozialverträglichkeit qualitativ bestimmt werden muß.

Diese Redeweise verweist auf implizite Normen, deren konsistente Formulierung, Begründung und Rechfertigung die ethische Forschung bisher noch nicht geleistet zu haben scheint. Das hinter den Befürchtungen über Enteignung, Entmündigung, Entwürdigung und Entfremdung aufscheinende Menschenbild gewinnt erst Konturen in der Auseinandersetzung mit einer Technologie, die sich, zumindest nach den Aussagen einiger ihrer Promotoren, anschickt, Teile der menschlichen Wesenszüge, sofern sie als für den Produktionsprozeß wichtig angesehen werden, abzubilden, nachzuahmen und schließlich zu ersetzen.

Der Hinweis darauf, daß sich diese Technologie noch lange nicht in dem Reifegrad befinde, der deckungsgleich mit den Ansprüchen der öffentlichen Ankündigungen der letzten Jahre sei, wird von manchen als bewußte Täuschung interpretiert, um der Diskussion um Enteignung, Entmündigung, Entwürdigung und Entfremdung die Grundlage zu nehmen und um die Akzeptanz der Technik zu erhöhen.

In dieser Debatte um den Einsatz von Informations- und Kommunikationstechniken, insbesondere auch bei sogenannten KI-Techniken, sollte man das Menschenbild und die diesem Menschenbild inhärenten, als notwendig angesehenen Bedürfnisse des Menschen explizit machen. Nur damit würde verständlich, wo und weshalb die Informations- und Kommunikationstechniken die Gefahr der Enteignung, Entmündigung, Entwürdigung und Entfremdung des arbeitenden Menschen in sich bergen. Und nur dadurch wird nach aller Voraussicht auch möglich werden, der Gestaltung der Informations- und Kommunikationstechniken jenseits des voreiligen Verwertungs- und Anwendungsdranges die Bedingungen zu verschaffen, die sie für die Schaffung von Nützlichem braucht.

14. Ausblick

Das Zusammenwirken von Mensch und Technik wird nicht allein durch Technik bestimmt – es ist der Mensch, der Technik gestaltet. In dieser Gestaltung ist er nicht ganz frei. Der Ingenieur, der Planer, der Projektmanager – sie alle arbeiten unter Bedingungen, von denen die meisten nicht veränderbar sind.

Wenn der Satz „Technik erzeugt Technik“ einen lebensweltlich konkreten Sinn hat und nicht nur eine schöne technikphilosophische Chiffre ist, dann bedeutet dies auch, daß Technikgestaltung heute zum überwiegend großen Anteil ein inkrementelles Fortschreiben von schon bestehenden Techniken darstellt.

Die Umgestaltung von Techniken und die Einführungen technischer Neuerungen (z.B. die Umstellung von analoger zu digitaler Kommunikationstechnik) sind Folge und gleichzeitig Ursache der Systemdynamik, die wir weder vollständig verstehen noch beherrschen. Die Komplexität der Dynamik großer technischer Systeme kommt ja nicht durch die große Anzahl benutzter Teiltechniken oder Modulen zustande, sondern dadurch, daß Aufbau, Betrieb und Weiterentwicklung in das eingebettet sind, was in diesem Buch die „organisatorische Hülle“ genannt worden ist.

Diese organisatorische Hülle ist eine wesentliche Determinante gerade für die Ausgestaltung von Informations- und Kommunikationssystemen, die wiederum auf die weitere Dynamik der Organisation Einfluß nehmen.

Ein wenigstens grobes Verständnis dieser Wechselwirkung zeigt dann auch die Notwendigkeit, über die vergangene Entwicklung hinaus für künftige Gestaltungen Optionen zu kennen.

Die oft beschworene und auch in diesem Band skizzierte neue Qualität der Informations- und Kommunikationstechniken zeigt sich in ihrer Potenz, bestimmte Züge bisheriger organisatorischer Strukturen zu verstärken oder abzuschwächen, aber auch neue Organisationsformen zu initiieren, wenn nicht zu erzwingen. Diese neuen qualitativen Strukturen fordern auch die Wissenschaft dazu auf, neu über Organisationen und Infrastrukturen nachzudenken, sie fordern soziale Innovationsbereitschaft und ein verändertes Verständnis der Arbeit. Deshalb muß an dieses Feld interdisziplinär herangegangen werden. Dabei dürfte Interdisziplinarität nicht auf Sonntagsreden gefordert oder als Hobby geduldet werden, wobei man die sie Praktizierenden benachteiligt, sondern diese Zugangsweise müßte integraler Bestandteil von Problemlösungen sein. Es geht dabei nicht um eine Ritualisierung von Konflikten, sondern um die Institutionalisierung von – bisweilen unbequemen – Dialogen.

Am Anfang einer technischen Entwicklung waren sinnstiftende Dialoge über ideologieinvariante Techniken, wie die Amateurfunker oder die Hacker sie betrieben, noch möglich. Die von vielen Soziologen konstatierte Fragmentierung der Gesellschaft führt zu einer Erhöhung der noch zu verkraftenden Widerspruchsmenge. Die Informations- und Kommunikationstechnologien könnten jedoch das noch vorhandene Regelwerk der Interkontextualität unterstützen – so man die Möglichkeit hat, sie selbst mitzugestalten. Dies ist jedoch eine öffentliche Aufgabe, weil die volkswirtschaftliche Potenz einer hierzu erforderlichen Infrastrukturleistung (auch bezüglich der Kapitalausstattung) die Leistungsfähigkeit privater Betreiber bei weitem übersteigen dürfte.

Die Kontroversen um die Informations- und Kommunikationstechnik zeigen immer wieder, daß ein rein technologisch orientiertes Verständnis nicht ausreicht und die schwierige Frage der Technikfolgenabschätzung und Technikbewertung auf diesem Gebiet die Schwierigkeiten widerspiegelt, die dem Diskurs zwischen Technikgestaltern und Technikbenutzern zugrunde liegen: Angebotene Funktionalitäten im Interesse der Hersteller sind eben nicht immer deckungsgleich mit den Funktionalitäten, wie sie von den Benutzern gewünscht werden.

Die Regulierung dieses Konfliktes über den Markt versagt mittlerweile aufgrund des immer unbefriedigender werdenden Verhältnisses von Forschungs- und Entwicklungs-, Einführungs- und Servicekosten und -zeiten gegenüber den zu erwartenden Rückflüssen und Produktlebenszeiten. Demnach ist eine prä-marktliche Konfliktregulierung zu suchen, die wiederum nur in einer breiten öffentlichen Diskussion über Technik und Technologiepolitik einerseits und in einer fachlich hochstehenden Diskussion in Technikfolgenforschung und -abschätzung andererseits geleistet werden kann. Man könnte es noch pointierter ausdrücken: Die Informations- und Kommunikationstechniken zeigen uns, daß man bestimmte Ausgestaltungen nicht dem Markt überlassen kann.

Die in diesem Band durchgeführte Diskussion von Techniklinien der Informations- und Kommunikationstechnik versteht sich als ein Beitrag zu diesem Diskurs. Damit versteht sie sich auch als Beitrag zur Wahrnehmung von Bedingungen, unter denen technologische Gestaltungsarbeit geschieht.

Einige dieser Bedingungen sind jedoch nicht nur organisatorischer oder technologiepolitischer Natur. Sie sind im Menschen selbst verankert und sprechen die Grenzen seiner Leistungsfähigkeit an.

Leistungsfähigkeit im Arbeitsprozeß speist sich aus den Arbeitsmitteln, dem *Wie* der Arbeitsorganisation, der Leistungsbereitschaft des Menschen und vor allem aus seiner Qualifikation, die seine Kompetenz bestimmt. Wenn es stimmt, daß nicht alle Menschen in gleicher Weise für eine gleich hochwertige Arbeit in vertretbarer Zeit qualifiziert werden können, muß es ein Anliegen eines jeden sein, der Technik gestaltet, diese Differenzierung zu berücksichtigen.

Die breite Diskussion um die rechnerintegrierte Fabrik, die ja eine Folge der neuen technischen Möglichkeiten der Informations- und Kommunikationstechniken darstellt, sie aber auch vor neue Herausforderungen stellt, zeigt, daß organisatorische und qualifikatorische Bedingungen viel wichtiger geworden sind als die technischen Probleme einer Rechnervernetzung auf der Ebene von semantisch konsistentem Datentransfer.

Wir lernen in einem mühsamen Prozeß, daß Technikgestaltung gerade in dem Bereich, in dem durch eine universale Maschine all das machbar erscheint, was (formal) definiert und somit (in Grenzen natürlich) gewollt werden kann, die Schwierigkeiten *nicht primär* auf der technischen Seite, sondern auf der lebensweltlichen, organisatorischen und personellen Seite liegen.

Dieser Prozeß legt auch das bloß, was wir in die Gestaltung und Kritik der Technologie hineinprojizieren und wovon wir, bei einem objektiven, funktional bestimmten Umgang mit der Technik frei zu sein glaubten: Es sind unsere kulturellen und unsere moralischen „Gewohnheiten" (in denen wir wohnen ...) und damit auch die darin liegenden Fehler, die wir mit Technik verstärken. Gerade bei die Informations- und Kommunikationstechniken zeigt plötzlich manches Grundverständnis, z.B. von Macht oder von Vielfalt, das uns harmlos und tolerabel erschien, erschreckende Züge.

Dies ist aber auch eine Chance. Daß über Technik grundsätzlicher als bisher nachgedacht und diskutiert werden kann, daß dies nicht nur das Geschäft von Technikphilosophen geblieben ist, ist eine der Folgen der Informations- und Kommunikationstechnik. Der Anteil, den die Debatte über Kernenergie an dieser Entwicklung beisteuerte, soll nicht unterbewertet werden – doch die Informations- und Kommunikationstechnik hat sich bei der technikphilosophischen und technologiepolitischen Debatte als transparenter, als gestaltbarer und als marktempfindlicher bewiesen. Deshalb ist sie auch ein gutes Übungsfeld für praktische Vernunft.

Wir haben praktische Vernunft gekennzeichnet als eine Haltung, die zwischen der Art des Hervorbringens eines Produkts (einschließlich der Motivation, dies zu tun) und den Eigenschaften des Produkts selbst (einschließlich seiner Verwendungsmöglichkeiten) nicht trennt. Die Trennung führt geistesgeschichtlich wie lebenspraktisch zur Instrumentalisierung von Technik. Deshalb kann die lokale Optimierung z.B. organisatorischer Prozesse durch kommunikationstechnische Einrichtungen zwar ein Teilziel, aber nicht Selbstzweck sein.

Wir lernen durch die Konfrontationen mit der Komplexität, wie sie der rechnerintegrierten Fabrik oder der weltweiten Kommunikation innewohnt, daß lokale Optimierungen nichts taugen und globale Optimierungen nicht möglich oder machbar sind. Deshalb sind wir gezwungen, Technikgestaltung nach Maßstäben vorzunehmen, die sich nicht allein aus einem wie auch immer vorgegebenen Pflichtenheft entnehmen lassen. Vielmehr setzen die mehr verbal vorgetragenen als praktizierten Forderungen nach der Organisation eines permanenten Diskurses, nach der Lösung des Problems, wie man Betroffene miteinbeziehen kann, nach dem Verzicht auf global optimierte Lösungen und dem bewußten Anstreben zeitlich befristeter Lösungen neue Maßstäbe, die zuerst gefunden und dann auch diskurs- und potentiell auch konsensfähig gemacht werden müssen.

Herstellern und Benutzern wächst somit eine neue Verantwortung zu, die sie gemeinsam wahrnehmen müssen: Der Forschungs- und Entwicklungsprozeß wird öffentlicher als bisher werden – was auch bedeutet, daß sich die vorwettbewerblichen Phasen verlängern werden – und die Benutzer werden sich klarer darüber sein müssen, was sie vernünftigerweise wollen können. Die Mahnung, man dürfe nicht alles tun, was möglich wäre, weil eine solche Hemmungslosigkeit in der Regel mehr Probleme schaffe, als sie lösen könne, ist sicherlich gut gemeint. Sie entbindet uns nicht von der vernünftigen Forderung, sich zu überlegen, was sinnvollerweise durch Technik unterstützt werden kann und soll.

Literatur

1. ANDERS, G.: Die Antiquiertheit des Menschen. Über die Seele im Zeitalter der zweiten industriellen Revolution. C.H. Beck, München 1956
2. ANDEXER, W.: ISDN und Datenschutz. Frankfurt: VDE/ITG Informationstechnische Gesellschaft im VDE, 1989, Arbeitspapier
3. APEL, K.-O.: Die Situation des Menschen als Herausforderung an die praktische Vernunft. In: Funkkolleg praktische Philosophie/ Ethik. Studienbegleitbrief I, 1. Kollegstudie. Deutsches Institut für Fernstudien. Tübingen 1980, 11–42
4. ARISTOTELES: Nikomachische Ethik. Übers. von O. Gigon. Artemis, Zürich-Stuttgart 1967
5. ARKIN, W.; FIELDHOUSE, R.: Nuclear Weapon Command, Control and Communication. In: World Armament and Disarmament. SIPRI Yearbook 1984, Taylor und Francis, London 1984, 470 ff.
6. ARTHUR, B.: Competing Technologies and Economic Predictions. In: Options (Laxenburg) **2** (1984), 10–13
7. AUSUBEL, J.H.; SLADOVICH, H.E. (eds.): Technology and Environment. National Academy Press, London 1989
8. BAUER, W.: Von der sequentiellen Verarbeitung zur parallelen Verarbeitung. In: HMD (1989), 150, 15–25
9. BECKER, J.: Die Informatisierung der Weltgesellschaft. In: Becker, J. (Hrsg.): Andere Aspekte der politischen Kultur. Freundesgabe für Charlotte Oberfeld. Haag+Herchen, Frankfurt 1980, 166–201
10. BECKER, J.: Telephonieren und sozialer Wandel . In: Hess. Blätter für Volkskunde und Kulturforschung. Neue Folge **24** (1989 a), 7–30
11. BECKER, J.: Die Anfänge der Telephonie. In: Hess. Blätter für Volkskunde und Kulturforschung. Neue Folge **24** (1989 b), 63–76
12. BENDA, E.: Mündliche Mitteilung. Freiburg: Lehrstuhl für öffentliches Recht, Universität Freiburg, 1990. – Expertengespräch 1990
13. BERTALANFFY, L. von.: General System Theory. Penguin Books, Harmondsworth (U.K.) 1973
14. BESEMER, I.; FINZER, P.: Einsatz von Standardsoftwarepaketen in der Personalbedarfsplanung. In: PERSONAL – Mensch und Arbeit **2** (1990), 46–50
15. BEYER, H.: Der Begriff der Information als Grundlage für die Beurteilung des technischen Charakters von programmbezogenen Erfindungen. In: GRUR Gewerblicher Rechtsschutz und Urheberrecht 1990, Heft 6, 399–410
16. BICKENBACH, J.; GENRICH, H.; KEIL, R.; LANGENHEDER, W.; REISIN, M.: Informatiker für den Frieden – Informatik für Krieg: Beiträge zum Thema Informatik und Militär. 2. Auf. TU Berlin, FB Informatik, 1983
17. BIRG, H.: Die demographische Zeitenwende. In: Spektrum der Wissenschaft, Januar 1989, 40–49

18. BMFT: Zukunftskonzept Informationstechnik. Bonn: BMFT, BMWirtschaft, 1989, August
19. BOCKER, P.: ISDN – Das diensteintegrierende digitale Nachrichtennetz: Konzept, Verfahren, Systeme. Springer-Verlag, Berlin 1986
20. BOOS, B.; KRICKEBERG, K.: Mathematisierung der Einzelwissenschaften. Birkhäuser, Basel-Stuttgart 1976
21. BOULEZ, P.; GERZSO, A.: Computer als Orchesterinstrumente. In: Spektrum der Wissenschaft (1988), Juni, 46–52
22. BOWLER, K.: Quarks, Lattices and Transputers. In: Europhysics News (1989), Vol. 20, No. 2, 24–28
23. BOXSEL, J.A.M. van: Konstruktive Technikfolgenabschätzung in den Niederlanden. Brückenschlag zwischen Forschungspolitik und Technikfolgenabschätzung. In: Kornwachs, K. (Hrsg.): Reichweite und Potential der Technikfolgenabschätzung. Poeschel Verlag, Stuttgart 1991, 137–154
24. BRECHT, B.: Radiotheorie. In: Brecht, B.: Gesammelte Werke, Bd. 18. Werkausgabe edition Suhrkamp, Frankfurt a.M. 1967, 118–134
25. BRENNAN, D.G.; HOLST, J.: Ballistic Missile Defense. Institute for Strategic Studies, London November 1967
26. BRUNS, R. (Hrsg.): Erwerb und Eigenarbeit. fischer alternativ, Frankfurt 1985
27. BULLINGER, H.-J. (Hrsg): Handbuch des Informationsmanagements. 2 Bände, C.H. Beck, München 1991
28. BULLINGER, H.-J.: Technikpotentialabschätzung – wissenschaftlicher Anspruch und Wirklichkeit. In: Kornwachs, K. (Hrsg.): Reichweite und Potential der Technikfolgenabschätzung. Poeschel Verlag, Stuttgart 1991, 103–114
29. BULLINGER, H.-J.; BETZL, K. (Hrsg.): CIM – Erst Organisation, dann Technik. Verlag TÜV Rheinland, Köln 1991
30. BULLINGER, H.-J.; FRÖSCHLE, H.P.; KLEIN,B.: Telearbeit: Schaffung dezentraler Arbeitsplätze unter Einsatz von Teletex. AIT Angewandte Informationstechnik Verlag, Hallbergmoos 1987
31. BULLINGER, H.-J.; KLEIN, A.: Flexible Arbeitszeit im zukunftsorientierten Produktionsbetrieb. In: wt Werkstattstechnik **79** (1989), 605–608
32. BULLINGER, H.-J.; KORNWACHS, K.: Zur Informatisierung der Arbeit. FhG-Berichte **1–86** (1986), 7–12
33. BULLINGER, H.-J.; KORNWACHS. K.: Philosophische Probleme der Arbeitswissenschaft. In: Schart, D. (Hrsg.): Zukunft der Arbeit. Poeschel Verlag, Stuttgart 1989, 37–79
34. BULLINGER, H.-J.; KORNWACHS, K.: Expertensysteme – Anwendungen und Auswirkungen im Produktionsbetrieb. C.H. Beck, München 1990
35. BPB – Bundeszentrale für politische Bildung (Hrsg.): Interessenverbände und Interessengruppen. Informationen zur politischen Bildung, Heft 217, IV 1987, Francis-Verlag, München 1987
36. BUNGE, M.: Scientific Research I – The Search for System. Springer-Verlag, New York-Heidelberg-Berlin 1967
37. BUNGE, M.: Scientific Research II – The Search for Truth. Springer-Verlag, New York-Heidelberg-Berlin 1967
38. CAPURRO, R.: Information. Ein Beitrag zur etymologischen und ideengeschichtlichen Begründung des Informationsbegriffs. Sen Verlag, München 1978
39. COY, W.: Mündliche Mitteilung. Gespräch am 9.12.88, Universität Bremen. Protokoll über das Expertengespräch
40. COY, W.: Brauchen wir eine Theorie der Informatik? In: Informatik-Spektrum **12** (1989), 256–266 (a)

41. COY, W.: Maschinelle Intelligenz – Industrielle Arbeit. In: Pribbenow, L. (Hrsg.): Computer-Arbeit. Täter – Opfer – Perspektive. VAS, 1989, 23–40 (b)
42. COY, W.; BONSIEPEN, L.: Expert Systems: Before the Flood. 1989
43. DAHRENDORF, R.: Die Arbeitsgesellschaft ist am Ende. In: Die Zeit Nr. 48 vom 26. Nov. 1982, 44
44. DÄUBLER, W.: Mitbestimmung bei Büro- und Telekommunikation. Rechtlicher Rahmen und Problemskizze zu einem ISDN-Modellversuch in Düsseldorf. In: Werkstattberichte Mensch und Technik, Sozialverträgliche Technikgestaltung Nr. 48: Ministerium für Arbeit, Gesundheit und Soziales des Landes NRW (Hrsg.). Düsseldorf 1988
45. DEPPE, W.: Formale Modelle in der Psychologie. Kohlhammer, Stuttgart 1977
46. DE SOLA POOL, I. (Hrsg.): The Social Impact of the Telephone. Cambridge, Mass. 1977
47. DE SOLA POOL, I.: Forecasting the Telephone. A Retrospective Technology Assessment of the Telephone. Norwood, New Jersey 1983
48. DESSAUER, F.: Philosophie der Technik: Das Problem der Realisierung. Cohen, Bonn 1927
49. DESSAUER, F.: Streit um die Technik. Knecht, Frankfurt a.M. 1956
50. DIERKES, M.: Vom Technology Assessment zum „Leitbild Assessment“: Zur Rolle von Organisationskultur und professionellen Leitbildern in der Technikgenese. In: Kornwachs, K. (Hrsg.): Reichweite und Potential der Technikfolgenabschätzung. Poeschel Verlag, Stuttgart 1991, 155–175
51. DOSTAL, W. et al.: Personal für CIM – Themenheft Personalqualifikation. In: CIM Management (1988), Heft 1, 4–11
52. DRESSEL, K.-M.; HESSELER, M.; SPREIZENBARTH, E.; ANDERSEN, P.: Weiterbildung für den organisierten CIM-Einsatz in der Konstruktion. Hrsg. vom Fraunhofer-Institut für Arbeitswirtschaft und Organisation, Stuttgart 1989
53. DREYFUS, H.L.; DREYFUS, St.E.: Die Grenzen der künstlichen Intelligenz: Was Computer nicht können. (1) Athenaeum, Königstein/Ts. 1985
54. DREYFUS, H.L.; DREYFUS, St.E.: Künstliche Intelligenz: Von den Grenzen der Denkmaschine und dem Wert der Intuition. (2) Rowohlt, Reinbek 1987
55. DUHNSEN, R.; SCHLUND, M.: Qualifizierungsprojekt „Fertigungsinseln“. In: TIBB Technische Innovation und Beruﬁche Bildung **2** (1990), 63–71
56. ECKMILLER, R.: Neuroinformatik: Informationsverarbeitung in biologischen und technischen Neuronalen Netzen. ICC Berlin: IBM Hochschulkongreß 89, 1989, 26.-28.4.1989. – Kongreßbericht
57. EULER, H.; FRÖSCHLE, H.P.; KLEIN, B.: Dezentrale Arbeitsplätze unter Einsatz von Teletex: Ergebnisse eines zweijährigen Modellversuches. In: Gehrmann, F. (Hrsg.): Neue Informations- und Kommunikationstechnologien. Ansätze einer gesellschaftsbezogenen Technologieberichterstattung. Campus, Frankfurt-New York 1987, 55–71
58. FÄHNRICH, K.-P. (Hrsg.): Software-Ergonomie. R. Oldenbourg, München-Wien 1988
59. FAST-Gruppe/Kommission der EG: Die Zukunft Europas: Gestaltung durch Innovationen. Springer-Verlag, Berlin 1987
60. FEIGENBAUM, E.A.; McCORDUCK, P.: The Fifth Generation: Artificial Intelligence and Japan's Challenge to the World. NAL Penguin, New York 1984
61. FENSTERBUSCH, C.: Vitruv. Wiss. Buchgesellschaft, Darmstadt 1987
62. FEYERABEND, P.: Wider den Methodenzwang – Skizze einer anarchistischen Erkenntnistheorie. Suhrkamp, Frankfurt a.M. 1976

63. FLIEDNER, Th.: Mündliche Mitteilung, Expertengespräch 20.3.1990, Universität Ulm
64. FLORES, F.; WINOGRAD, T.: Understanding Computers and Cognition: A New Foundation for Design. 2. Aufl. Ablex Publ. Corp. Norwood, New Jersey, 1986
65. FLOYD, C.: Erkenntnistheoretische Grundlagen der Softwareentwicklung. TU Berlin, Berlin 1987 (a)
66. FLOYD, C.: Outline of a Paradigm Change in Software Engineering. In: Bjerknes, G.; Ehn, P.; Kyng, M. (Hrsg.): Computers and Democracy: A Scandinavian Challenge. Avebury, Aldershot, England 1987, 193–210 (b)
67. FLOYD, C.: Softwareentwicklung als Realitätskonstruktion. In: Lippe, W.-M. (Hrsg.): Software-Entwicklung: Konzepte, Erfahrungen, Perspektiven. Informatik-Fachberichte 212. Springer-Verlag, Berlin 1989, 1–20. Engl. Fassung: Software Development as Reality Construction. In: Floyd, C.; Züllighoven, H.; Budde, R.; Keil-Slawik, R. (Hrsg.): Software Development and Reality Construction. Springer-Verlag, Berlin 1992, 86–100
68. FLOYD, C.; Reisin, F.-M.; Schmidt, G.: STEPS to Software Development with Users. In: Ghezzi, C.; McDermid, J.A. (Eds.): ESEC '89, 2nd European Software Engineering Conference, University of Warwick, Coventry, UK, September 11–15, 1989, Proceedings. Lecture Notes in Computer Science, Vol. 387. Springer-Verlag, Berlin 1989, 48–64
69. FLOYD, C.: Mündliche Mitteilung. Berlin: Fachbereich Informatik, FU Berlin, 1990. – Expertengespräch
70. FOLEY, J.: Interfaces for Advanced Computing. In: Scientific American (1987), Vol. 257, No. 4, 82–90
71. FOX, G.; MESSINA, P.: Advanced Computer Architectures. In: Scientific American (1987), Vol. 257, No. 4, 44–53
72. FRAUNHOFER-Institut für Arbeitswirtschaft und Organisation (FhG-IAO) (Hrsg.): CIM – Integration und Qualifikation: Berufiche Bildung im Technologietransfer. TÜV Rheinland, Köln 1989
73. FRAUNHOFER-Gesellschaft (FhG) Zentralverwaltung: 40 Jahre Forschung in der BRD. Bonn-Bad Godesberg: FhG, 1989, 26.10. – Festkolloquium
74. FREY, H.: Neue Produktionstechniken verändern auch die Struktur unserer industriellen Zivilisation. In: VDI-Nachrichten (1987), Nr. 22, 29. Mai, 15
75. GANZ, W.; BUCH, H.: Neue Technologien im Zulieferhandwerk. In: Internationales Gewerbearchiv **38** (1990), Heft 2, 76–89
76. GELERNTER, D.: Programming for Advanced Computing. In: Scientific American (1987), Vol. 257, No. 4, 64–71
77. GELHARD, Th.: Expertensysteme im Personalwesen. Betriebliche Wirklichkeit oder Zukunftsmusik? In: PERSONAL – Mensch und Arbeit **2** (1990), 70–74
78. GOTTSCHALCH, H.; OHM, Ch.: Kritische Bemerkungen zur Polarisierungshypothese bei Kern und Schumann. In: Soziale Welt **28** (1977), 340–363
79. GROVES, L.: Jetzt rede ich: Memoiren aus dem Manhattanprojekt. Scherz, 1958
80. GRUPP, H.; HOHMEYER, O.; KOLLERT, R.; LEGLER, H.: Technometrie: Die Bemessung des technisch-wirtschaftlichen Leistungsstandes. Verlag TÜV Rheinland, Köln 1987
81. GÜNTHER, G.: Das Bewußtsein der Maschinen – eine Metaphysik der Kybernetik. Aegis, Baden-Baden 1963
82. GÜNTHER, G.: Beiträge zur Grundlegung einer operationsfähigen Dialektik. Bd. I – III. Meiner, Hamburg 1976 – 1980

83. GUNZENHÄUSER, R.: Mündliche Mitteilung. Stuttgart: Fakultät Informatik, Uni Stuttgart, 1990. – Expertengespräch
84. HAAS, F.: Stern und Netz: Anmerkungen zur Geschichte der Telegraphie im 19. Jhd. In: Horisch, J.; Wetzel, M. (Hrsg.): Armaturen der Sinne. Wilhelm Fink, München 1990, 43–61
85. HABERMAS, J.: Erkenntnis und Interesse. Suhrkamp, Frankfurt a.M. 1971
86. HABERMAS, J.; LUHMANN, N.: Theorie der Gesellschaft oder Sozialtechnologie – Was leistet die Systemforschung? Suhrkamp, Frankfurt a.M. 1971
87. HACKSTEIN, R.: Arbeitswissenschaft im Umriß. Band 1: Gegenstand und und Rechtsverhältnisse. Band 2: Grundlagen und Anwendungen. Girardet, Essen 1977
88. HACKSTEIN, R.: Europäische Wurzeln des Arbeitsstudiums. Zeitschrift für Arbeitswissenschaft **32** (4NF) (1978/3) 129–139
89. HAGEMANN, M.; NAGEL, R.; RÖHRICH, J.; SCHREIBER, U.: Objektorientierte Benutzeroberfläche für CIM-Anwendungen. In: FhG-Berichte **4** (1989), 12–16
90. HAKEN, H.: Synergetischer Computer – ein nicht biologischer Zugang. In: Physikalische Blätter **45** (1989), 168–171
91. HERNANDEZ, D.; KLOTZ, K.; HEISEL, M.; REIF, W.; BLÖMER, A.; WERNER, E. u. a.: Konnektionismus, KI, Logik und Wissensrepräsentation, Bild- und Sprachverstehen, Reasoning about Knowledge, Machine Learning. In: KI **3** (1988), 12–22
92. HILBERG, W.: Mikroelektronik – Tiefere Einsichten in ihre Dynamik durch einfache Modelle. In: Physik in unserer Zeit **17** (1986), 18–28
93. HILLIS, D.: The Connection Machine. MIT, Cambridge, 1985
94. HORISCH, J.; WETZEL, M. (Hrsg.): Armaturen der Sinne. Wilhelm Fink, München 1990
95. HORKHEIMER, M.: Zur Kritik der instrumentellen Vernunft. Fischer TB, Frankfurt a.M. 1985
96. HUBER, J. (Hrsg.): Anders arbeiten, anders wirtschaften. Dualwirtschaft in der Diskussion. fischer alternativ, Frankfurt a.M. 1979
97. HUND, W.D.: Ware Nachricht und Informationsfetisch – Eine Theorie der gesellschaftlichen Kommunikation. Luchterhand, Darmstadt 1976
98. HUND, W.D.: Stichwort Arbeit. In: Sandkühler, H.J. et al. (Hrsg.): Europäische Encyclopädie zu Philosophie und Wissenschaften, Bd.1. Meiner, Hamburg 1990
99. INMOS Ltd.: Transputer Reference Manual. Prentice Hall, New York 1988
100. ITG (Informationstechnische Gesellschaft im VDE) (Hrsg.): Datenschutz im ISDN. Redaktion: Garbe, D. und Schnöring, Th., Frankfurt a.M. 1990
101. JONAS. H.: Das Prinzip Verantwortung – Versuch einer Ethik für die technologische Zivilisation. Suhrkamp, Frankfurt a.M. 1984
102. JONAS, H.: Technik, Medizin, Ethik. Zur Praxis des Prinzips Verantwortung. Insel, Frankfurt a.M. 1987, 2. Auf.
103. KAHN, H.; WIENER, A.J.: Ihr werdet es erleben. Voraussagen der Wissenschaft zum Jahr 2000. Molden, Wien 1967
104. KALBHEN, U.; MÜNCH, S.: Die Informatisierung der Gesellschaft. Gesellschaft für Mathematik und Datenverarbeitung mbH Bonn, 1979. – Text- und Literaturauswahl
105. KANT, I.: Metaphysische Anfangsgründe der Naturwissenschaften. 1786
106. KANT, I.: Über ein vermeintes Recht, aus Menschenliebe zu lügen. In: Berlinische Blätter (hrsg. von Biester), I. Jahrgang, 1797, Blatt 10 vom 6.9.1797, 301–314

107. KERN, H.; SCHUMANN, M.: Das Ende der Arbeitsteilung. C.H. Beck, München 1985
108. KIRCHNER, H.: Einfluß der Mikroelektronik auf die Entwicklung von Großrechnern. IBM, Böblingen 1988
109. KLIR, G.J.: An Approach to General Systems Theory. Van Nostrand Reinhold, New York 1969
110. KLIR, G.J.: The Architecture of Problem Solving. Plenum, New York 1985
111. KLIX, F.: Information und Verhalten. VEB Verlag der Wissenschaften, Berlin 1980
112. KLUMPP, D.: Technikfolgenabschätzung – Bedingungen und Perspektiven in der kommunikationstechnischen Industrie. In: Akademie der Diözese Rottenburg a.N. (Hrsg.): Ethische Aspekte der Einführung und Anwendung prozeßtechnologischer Innovation. Dialogprogramm Heft 3, Stuttgart 1989 (a)
113. KLUMPP, D.: Technikfolgenabschätzung in der Informationstechnik. In: Office Management **6** (1989), 10 ff. (b)
114. KLUMPP, D.; ROSE, C.: ISDN – Zur Karriere eines technischen Konzepts. In: Fricke, W. (Hrsg,): Jahrbuch Arbeit und Technik. Bonn 1991, 103–114
115. KOHONENT, T.: Self-Organization and Associative Memory (2nd edition). Springer-Verlag, Berlin 1988
116. KORNDÖRFER, V.: Qualifizierung für die Fertigung von morgen. In: Technische Rundschau **19** (1987), Heft 45, 20–31
117. KORNWACHS, K. (Hrsg.): Offenheit – Zeitlichkeit – Komplexität: Zur Theorie der Offenen Systeme. Campus, Frankfurt a.M. 1984
118. KORNWACHS, K.: Offene Systeme und die Frage nach der Information. Stuttgart: Phil. Institut der Universität Stuttgart, 1987. – Habilitationsschrift
119. KORNWACHS, K.: Complementarity and Cognition. In: Carvallo, M. E. (ed.): Nature, Cognition and Systems. Kluwer, Amsterdam 1988, 95–127
120. KORNWACHS, K.: Technikfolgenabschätzung und das Problem des ethischen Handelns. In: Kornwachs, K. (Hrsg.): Reichweite und Potential der Technikfolgenabschätzung. Poeschel Verlag, Stuttgart 1991, 177–198
121. KORNWACHS, K.; BUCK, H.; FÄHNRICH, K.-P.; FRIEDRICH, R.; GANZ, W.; KURZ, E.; SCHEIFELE, M.; THINES, M.; WASSERLOOS, G.: Abschätzungen möglicher Anwendungen und Auswirkungen von Expertensystemen im Produktionsbetrieb. Gutachten im Auftrag der Enquête-Kommission des Deutschen Bundestages für Technikfolgenabschätzung. FhG-IAO, Stuttgart 1988
122. KORNWACHS, K.; DRESSEL, K.-M.: Welche technischen und organisatorischen Spielräume haben kleine und mittlere Unternehmen für die Anpassung von Qualifikationsbedarf und Qualifikationsangebot? Gutachten für den Arbeitskreis „Qualifikation 2000“ des Landes Baden-Württemberg im Ministerium für Wirtschaft, Mittelstand und Technologie. Stuttgart 1990
123. KORNWACHS, K.; GANZ, W.; RIGOLL, G.; SCHEIFELE, M.: Langfristige Auswirkungen der Informations- und Kommunikationstechnologie auf Wirtschaft, Gesellschaft und Individuum (1984 und danach ...). Gutachten aus dem Fraunhofer-Institut für Arbeitswirtschaft und Organisation. Bonn, Stuttgart 1990.
124. KORNWACHS, K.; GEUDER, U.; SCHWEIZER, E.: Interpretative Strukturmodellierung. – Vorgehensweise und Benutzerhandbuch. Interner Arbeitsbericht und Programmrelease aus dem FhG-IAO, Stuttgart 1986
125. KORNWACHS, K.; LUCADOU, W. von: Funktionelle Komplexität und Lernprozesse (Beitrag zum Begriff der Komplexität III). In: Grundlagenstudien zu Kybernetik und Geisteswissenschaften GrKG **19** (1978), 1–10

126. KORNWACHS, K.; LUCADOU, W. von: Komplexe Systeme. In: Kornwachs, K. (Hrsg.): Offenheit – Zeitlichkeit – Komplexität: Zur Theorie der Offenen Systeme. Campus, Frankfurt a.M. 1984, 110–166
127. KORNWACHS, K.; NIEMEIER, J.: Technikbewertung und Technikpotentialabschätzung bei kleinen und mitteleren Unternehmen. In: Bullinger, H.-J. (Hrsg.): Handbuch des Informationsmanagements. C.H. Beck, München 1991, 1523–1569
128. KRINGS, H.: Energie, Arbeit, Leistung – Die Frage nach dem Sinn. In: Schubert, V. (Hrsg.): Der Mensch und seine Arbeit. EOS Verlag, St. Ottilien 1986, 383–404
129. KROEBER-RIEDL, W.: Informationsüberflutung – eine Herausforderung an die Kommunikation. In: gdi impuls **9** (1991), Heft 1, 3137
130. KUBICEK, H.: Zur sozialen Beherrschbarkeit integrierter Fernmeldenetze. In: Gerner, N.; Spaniol, O. (Hrsg.): Kommunikation in Verteilten Systemen. Informatik-Fachberichte 130. Springer-Verlag, Berlin 1987, 787–812
131. KUBICEK, H.: Soziale Beherrschbarkeit technisch offener Netze. In: Valk, R. (Hrsg.): GI – 18. Jahrestagung: Vernetzte und komplexe Informatik-Systeme. Informatik-Fachberichte 187. Springer-Verlag, Berlin 1988, 109–139 (a)
132. KUBICEK, H.: Sozial- und ökologieorientierte Technikfolgenforschung. Probleme und Perspektiven am Beispiel der Büro- und Telekommunikation. Bonn: Bierich, Mense: Institutionen - Organisation - Alltag, SoTech Fachtagung, 1988. – Diskussionspapier (b)
133. KUBICEK, H.: Entwicklungspfade der Telekommunikation. In: Universitas (1989), 2, 136–153 (a)
134. KUBICEK, H.: Informatik 2000 – Folgen ohne Folgen. In: HDM **150** (1989), 172–186 (b)
135. KUBICEK, H.: Mündliche Mitteilung. Bremen: Fachbereich Informatik, Uni Bremen, 1990. – Expertengespräch
136. KUHN, Th.S.: Die Struktur wissenschaftlicher Revolutionen. Suhrkamp, Frankfurt a.M. 1973
137. LANGE, H.: Technikphilosophie. Stichwort in: Sandkühler, H.J. et al. (Hrsg.): Europäische Encyclopädie zu Philosophie und Wissenschaften, Bd. 4. Meiner, Hamburg 1990, 556
138. LANGE, K.: Chancen und Risiken der Mobilfunktechnologie. Wissenschaftliches Institut für Kommunikationsdienste WIK, Diskussionsbeitrag Nr. 60, Bad Honnef Oktober 1990
139. LANGE, U.; BECK, K.; ZERDICK, A. (Hrsg.): Telefon und Gesellschaft – Beiträge zu einer Soziologie der Telefonkommunikation. Spiess, Berlin 1989
140. LANGENHEDER, W., HERRMANN, Th., GEISSLER, Ch.: Übersicht über Forschungsprojekte zu sozialen Auswirkungen der Informationstechnik, GMD St. Augustin 1982
141. LENK, H.: Sozialphilosophie der Technik. Suhrkamp, Frankfurt a.M. 1983
142. LENK, H.; ROPOHL, G. (Hrsg.): Technik und Ethik. Reclam, Stuttgart 1987
143. LENK, H.: Können Informationssysteme moralisch verantwortlich sein? In: Informatik-Spektrum **12** (1989), 248–255
144. LÜBBE, H.: Der Lebenssinn der Industriegesellschaft. Edition SEL-Stiftung. Springer-Verlag, Heidelberg 1990
145. LUHMANN, N.: Soziale Systeme: Grundriß einer allgemeinen Theorie. Suhrkamp, Frankfurt a.M. 1985, 2. Auf.
146. LUTZ, B. (Hrsg.): Technik in Alltag und Arbeit: Beiträge der Tagung des Verbunds Sozialwissenschaftlicher Technikforschung. Edition Sigma, Berlin 1989

147. LUTZ, B.; MOLDASCHL, M.: Expertensysteme und industrielle Facharbeit – Ein Gutachten über denkbare qualifikatorische Auswirkungen von Expertensystemen in der fertigenden Industrie. Campus, Frankfurt a.M. 1989
148. LYOTARD, J.-F.: Das postmoderne Wissen. Aus dem Französischen von O. Pfersmann. Böhlau Edition Passagen 7, Graz-Wien 1986
149. MARX, K.: Kritik der Hegelschen Dialektik und Philosophie überhaupt. In: K. Marx: Texte zur Methode und Praxis III (Pariser Manuskripte 1844), Rowohlt, Reinbek 1966, 107–128.
150. MATUARANA, H.R.: Erkennen: Die Organisation und Verkörperung von Wirklichkeit. Vieweg, Braunschweig-Wiesbaden 1985, 2. Auf.
151. McCLELLAND, J. L.; RUMELHART, D. E.: Parallel Distributed Processing, Volume 2: Psychological and Biological Models. MIT Press, Bradford Book, Cambridge-London 1986
152. McCULLOCH, W.S.; PITTS, W.: A Logical Calculus of the Ideas Immanent in Nervous Activity. Bulletins of Mathematical Biographics **5** (1942)
153. McLUHAN, M.: Die magischen Kanäle (Understanding Media). Düsseldorf 1968
154. MEINDL, J.: Chips for Advanced Computing. In: Scientific American (1987), Vol. 257, No. 4, 54–63
155. MENNE, A.(Hrsg.): Philosophische Probleme von Arbeit und Technik: Wissenschaftliche Buchgesellschaft, Darmstadt 1987
156. METTLER-MEIBOM, B.: Breitbandtechnologie – über die Chancen der sozialen Vernunft in technologiepolitischen Entscheidungsprozessen. Westdeutscher Verlag, Opladen 1986
157. METTLER-MEIBOM, B.: Soziale Kosten in der Informationsgesellschaft: Überlegungen zu einer Kommunikationsökologie. Frankfurt a.M. 1987
158. MINSKI, M.: Statement über „Meat Machines“ im Film: Maschinenträume. Freiburg: Barfus-Film Freiburg, WDR III Köln, 1988. – Film Maschinenträume von Peter Krieg
159. MUMFORD, L.: Der Mythos der Maschine. Kultur, Technik und Macht. Suhrkamp, Frankfurt a.M. 1977
160. MÜNNICH, F.E.: Ist Arbeitslosigkeit unvermeidlich? In: Schubert, V. (Hrsg.): Der Mensch und seine Arbeit. EOS Verlag, St. Ottilien 1986, 363–382
161. MUSKENS, G.; GRUPPELAAR, J.: Global Telecommunication Networks: Strategic Considerations. Kluwer Academic Publishers, Dordrecht, Holland 1988
162. NASCHOLD, F.: Technologiefolgen-Abschätzung und -Bewertung: Entscheidungen, Kontroversen, Perspektiven. In: Jahrbuch Arbeit und Technik in Nordrhein-Westfalen 1987
163. NAUR, P.: Programming as a Theory Building. In: Microprocessing and Microprogramming **15** (1984), 253–261
164. NAUTA, D.: The Meaning of Information. Mouton, The Hague, Paris 1972
165. NEFIODOW, L.A.: Europas Chancen im Computer-Zeitalter – ein Plädoyer für die neuen Technologien. Kindler, München 1984
166. NEFIODOW, L.A.: Der fünfte Kondratieff – Strategien zum Strukturwandel in Wirtschaft und Gesellschaft. Gabler, Wiesbaden 1990
167. NEUMANN, J. von: Theory of Self-reproducing Automata. Edited and completed by A.W. Bulky. University of Illinois Press, Urbana, London 1966
168. NEUMANN, J. von: The General and Logical Theory of Automata. In: JEFFERS, L. A. (ed.): Cerebral Mechanisms of the Behavior. Wiley, New York 1951. Übers. von D. Krönig. In: KURSBUCH 8, März 1967: Allgemeine und logische Theorie der Automaten. Berlin 1967, 139–192

169. N. N.: Das neue Verbrechen: Computer-Kriminalität. In: Der Spiegel (1979), 4, 38–52
170. N. N.: Eintrittskarte für den Überwachungsstaat. In: Der Spiegel (1983), 32, 17–65
171. N. N.: Qualifikationsveränderungen durch Mikroelektronik. In: Technologienachrichten (1989), 503, 10–11
172. N. N.: Der Markt für mobile Kommunikation. In: Funkschau (1990), Heft 5, 35–36 (a)
173. N. N.: Die Telekom ist im Zugzwang. In: Funkschau (1990), Heft 7, 8–10 (b)
174. N. N.: Fernsehen: Neues Format vor dem Durchbruch. In: Funkschau (1990), 5, 24–28 (c)
175. N. N.: Start bei Stunde Null. In: Funkschau (1990), Heft 6, 36–41 (d)
176. N. N.: ISDN – Ich seh' da nix. In: Funkschau (1990), Heft 7, 28–32 (e)
177. N. N.: Berufswelt in der DDR. (Quelle: IAB Institut für Arbeitsmarkt- und Berufsforschung). In: FUNKSCHAU (1990), Heft 18, 87 (f)
178. N. N.: ISDN – Ein Wundernetz sucht Anschluß. In: FUNKSCHAU (1990), Heft 25, 30–34 (g)
179. N. N.: Physik neuronaler Netzwerke. In: Phys. Blätter **46** (1990) 65–66 (h)
180. N. N.: Telekom in Ostdeutschland – Blitzstart oder Super-GAU. In: FUNKSCHAU (1991), Heft 1, 24–29 (a)
181. N. N.: Telekommuniation in Ostdeutschland. In: FUNKSCHAU (1991), Heft 6, Special, 3–34 (b)
182. N. N.: Macht das Autotelephon krank? In: FUNKSCHAU (1991), Heft 7, 152 f. (c)
183. NOAM, E.: Privacy bei Telekommunikationsdiensten. In: Kubicek, H. (Hrsg.): Telekommunikation und Gesellschaft. Kritisches Jahrbuch der Telekommunikation. C.F. Müller, Karlsruhe (1991), 112–135
184. NOBLE, F.D.: Maschinen gegen Menschen. Die Entwicklung numerisch gesteuerter Werkzeugmaschinen. Alektor-Verlag, Stuttgart 1981
185. NOLLER, P.; PAUL, G.: Selbstbildnis und Lebensentwürfe jugendlicher Computerfans. In: Lutz, B. (Hrsg.): Technik in Alltag und Arbeit. Edition Sigma, Berlin 1989, 17–37
186. NORA, S.; MINC, A.: Die Informatisierung der Gesellschaft. Hrsg. von U. Kalbhen et al. Campus, Frankfurt-New York 1979
187. NYQUIST, H.: Certain Factors Affecting Telegraph Speed. In: Bell Syst. Techn. Journal **3** (1924/2), 324 ff.
188. OBERMEIER, O.-P.: Zweck – Funktion – System: Eine kritisch-konstruktive Untersuchung zu N. Luhmanns Theoriekonzeptionen. Alber, Freiburg i. Br. 1988
189. OECD: Die gesellschaftliche Herausforderung der Informationstechnik. Berlin: OECD, Senat von Berlin, Regierung der BRD, 1984, 28.-30.Nov. – Ergebnisse der Konferenz
190. OFFICE FOR TECHNOLOGY ASSESSMENT: Science, Technology and the Constitution. Washington: OTA, 1987, Sept. – Background Paper OTA-BP-CIT-43
191. OFFICE FOR TECHNOLOGY ASSESSMENT: The Electronic Supervisor – New Technology, New Tension. Washington: OTA, 1987, Sept. – OTA CIT 333
192. OFFICE FOR TECHNOLOGY ASSESSMENT: Federal Funding for Artificial Intelligence Research and Development. OTA, 1987, June. – Staff Paper
193. OFFICE FOR TECHNOLOGY ASSESSMENT: Publications. Washington: OTA, 1989. – Literaturliste

194. OFFICE FOR TECHNOLOGY ASSESSMENT: Informing the Nation: Federal Information, Dissemination in an Electronic Age. Washington: U.S. Congress, OTA, 1988
195. OFFICE FOR TECHNOLOGY ASSESSMENT: Critical Connections – Communication for the Future. Washington: OTA, 1990
196. OTTO, P.; SEETZEN, J.; STRANSFELD, R.; TONNEMACHER, J.: Nutzungspotentiale von Breitbandkommunikationssystemen. Berlin: Heinrich-Hertz-Institut f. Nachrichtentechnik, 1986, 3. Wirtschafts-Sozialwiss. Arbeitsberichte
197. OVUM SOFTWARE: Features, Markets, Profiles. OVUM Software Ltd, London 1989. – subscription service
198. PADULO, L.; ARBIB, M. A.: System Theory: A Unified State Space Approach to Continuous and Discrete Systems. Hemisphere, Washington D.C. 1974
199. PALM, G.: Assoziatives Gedächtnis und Gehirntheorie. In: Spektrum der Wissenschaften (1988), Juni, 54–64
200. PALM, G.: Mündliche Mitteilung. Düsseldorf: Inst. für Hirnforschung, Uni Düsseldorf, 1990. – Expertengespräch
201. PASCHEN, H.; GRESSER, K.; CONRAD, F.: Technology Assessment – Technologiefolgenabschätzung: Ziele, Methodische und organisatorische Probleme, Anwendungen. Campus, Frankfurt a.M. 1978
202. PERROW, Ch.: Normale Katastrophen. Campus, Frankfurt a.M. 1987
203. PICHLER, F.; MORENO-DIAZ, R. (eds.): Computer Aided Systems Theory – EUROCAST '89. Lecture Notes in Computer Science 410: Internat. Workshop Las Palmas 1989 Proceedings. Springer-Verlag, Berlin 1990
204. PIPER, K.: Computer und Philosophie. In: PhilTech **1** (1988), 8–10
205. QVORTRUP, L.: Partizipative sozialrelevante Experimente mit der Informationstechnologie in Dänemark. In: Kubicek, H. (Hrsg.): Telekommunikation und Gesellschaft. Kritisches Jahrbuch der Telekommunikation. C.F. Müller, Karlsruhe 1991, 78–85
206. RADER, R.: Mündliche Mitteilung. Karlsruhe: Arbeitsgruppen für Angewandte Systemanalyse, Kernforschungszentrum Karlsruhe, 1990. – Expertengespräch
207. RADERMACHER, F.J.: Mündliche Mitteilung. Ulm: Forschungsinstitut für Angewandte Wissensverarbeitung, 1990. – Expertengespräch
208. RAMMERT, W.: Soziale Dynamik der technischen Entwicklung. Westdeutscher Verlag, Opladen 1983
209. RAMMERT, W.: Technikgenese. Stand und Perspektiven der Sozialforschung zum Entstehungszusammenhang neuer Techniken. In: Kölner Zeitschrift für Soziologie und Sozialpsychologie **40** (1988), 747–761 (a)
210. RAMMERT, W.: Der Anteil der Kultur an der Genese der Technik: Das Beispiel des Telephons. Vortrag auf dem 24. Dt. Soziologentag Zürich, 6. Okt. 1988 (b)
211. RAPP, F.; MAI, M. (Hrsg.): Institutionen der Technikbewertung. VDI-Verlag, Düsseldorf 1989
212. REESE, J.; KUBICEK, H.; LANGE, B.-P.; LULLERBECK, B.; REESE, U.: Gefahren der informationstechnologischen Entwicklung. Campus, Frankfurt a.M. 1979
213. REMBSER, J.: Das Forschungs- und Technologiesystem der BRD und ein Vergleich mit den USA, Japan, Frankreich und GB. Bonn: BMFT, 1987, 26./27.Mai. – Tagungsbericht
214. REMBSER, J.: Forschungs- und Technologiepolitik in der 11. Legislaturperiode. BMFT, Bonn 1987, Juni

215. RESCHER, N., URQUHART, A.: Temporal Logic. Springer-Verlag, Wien-New York 1971
216. RÖGLIN, Ch.: Risiko-Kommunikation zwischen Verständigung und Verwirrung. In: gdi Impulse **8** (1990) Heft 1, 17–25
217. RÖGLIN, Ch.: Der chaotische Weg zur Vernunft – Risiko und Kommunikation in der Industriegesellschaft. In: Schüz, M. (Hrsg.): Risiko und Wagnis. Neske, Pfullingen 1990, 32–45
218. ROPOHL, G.: Systemtheorie der Technik. Hanser, München 1979
219. ROPOHL, G.: Die unvollkommene Technik. Suhrkamp, Frankfurt a.M. 1985
220. ROSSNAGEL, A.: Informationstechnik und Ohnmacht des Rechts. In: Universitas **2** (1989), 106–117 (a)
221. ROSSNAGEL, A. et al.: Die Verletzlichkeit der Informationsgesellschaft. Westdeutscher Verlag, Köln 1989 (b)
222. ROSSNAGEL, A.: Das Recht auf (Tele-)Kommunikative Selbstbestimmung. In: Kritische Justiz **2** (1990), 267ff. (a)
223. ROSSNAGEL, A.: Möglichkeiten einer verfassungsverträglichen Gestaltung der Informations- und Kommunikationstechnik. In: Wechselwirkung **44** (1990) (b)
224. ROSSNAGEL, A. et al.: Digitalisierung der Grundrechte. Zur Verfassungsverträglichkeit der Informations- und Kommunikationstechnologie. Westdeutscher Verlag, Köln 1990 (c)
225. RUMELHART, D.E.; McCLELLAND, J.L.; PDP RESEARCH GROUP: Parallel Distributed Processing: Explorations in the Microstructure of Cognition. Volume 1: Foundations. MIT Press, Bradford Book, Cambridge, London 1986
226. SACHSE, C.: Lauter ungelegte Eier. In: Management Wissen **9** (1988), 75–82
227. SCHELSKY, H.: Die sozialen Folgen der Automatisierung. Düsseldorf 1957
228. SCHEPANSKI, N.: Die Neue Fabrik funktioniert nur, wenn der Mitarbeiter den Durchblick hat. In: VDI Nachrichten Nr. 40, 5. Okt. 1990, Seite S 16 (Sonderteil Fabrik der Zukunft)
229. SCHEUCH, E.K.: Bestimmungsgründe für Technikakzeptanz. Köln: Angewandte Sozialforschung der Universität Köln, 1988, Vortragmanuskript
230. SCHMALHOLZ, H.: Neue Wachstumsdynamik durch Innovation. In: ifo-Schnelldienst 1988, Heft 18–19
231. SCHUBERT, V.(Hrsg.): Der Mensch und seine Arbeit. EOS Verlag, Erzabtei St. Ottilien 1986
232. SCHULENBERG, F. J.: Über die Sozialverträglichkeit von technologischen Innovationen. In: Menne, A. (Hrsg.): Philosophische Probleme von Arbeit und Technik. Wissenschaftliche Buchgesellschaft, Darmstadt 1987, 136–142
233. SCHULZE, K.-P.; REHBERG, K.-J.: Entwurf von adaptiven Systemen. Eine Darstellung für Ingenieure. VEB Verlag Technik, Berlin 1988
234. SCHUMANN, M.; BATHGE, V.; NEUMANN, U.; SPRINGER, R.: Strukurwandel der Industriearbeit – Entwicklungen in der Automobilindustrie, im Werkzeugmaschinenbau und in der Chemie. In: Lutz, B. (Hrsg.): Technik in Alltag und Arbeit. Edition Sigma, Berlin 1989, 119–145
235. SCHÜZ, M. (Hrsg.): Risiko und Wagnis – die Herausforderung der industriellen Welt. Neske, Pfullingen 1990
236. SEARLE, J.R.: Sprechakte. Suhrkamp, Frankfurt a.M. 1971
237. SEEGER, P.: Die ISDN-Strategie. Probleme einer Technikfolgenabschätzung. Berlin 1990
238. SEETZEN, J.: Zum Problem der Auswahlkriterien für konkrete Technikfolgenabschätzungen. Berlin: VDI/TZ Berlin, 1989, Draft 22.11.89. – Papier am VDI/TZ Berlin

239. SEETZEN, J.; OTTO, P.; PESTEL, R.; PFAB, R.; SAKKAS, K. u.a.: Vermittelte Breitbandkommunikation – Technik, Nutzung, Wirtschaftlichkeit. Berlin: Heinrich-Hertz-Institut f. Nachrichtentechnik, 1986, 1. – Wirtschafts-Sozialwiss. Arbeitsberichte
240. SEETZEN, J.; STRANSFELD, R.; TONNEMACHER, J.: Vorausschau der Anwendungen von Informationstechnik. Berlin: VDI/VDE Technologiezentrum Informationstechnik GmbH, 1988, April. – Studie
241. SELIGER, P.: Mündliche Mitteilung. Berlin: Fakultät Maschinenwesen, TU Berlin, 1990. – Expertengespräch
242. SENGHAAS-KNOBLOCH,E.; VOLBERRG, B.: Technischer Fortschritt und Verantwortungsbewußtsein. Westdeutscher Verlag, Opladen 1989
243. SHANNON, C.E.; WEAVER, W.: The Mathematical Theory of Communication. Urbana, Chicago- London 1949, 1969. Dt.: Mathematische Grundlagen der Informationstheorie. R. Oldenbourg, München 1976
244. SONNTAG, K. (Hrsg.): Neue Produktionstechniken und qualifizierte Arbeit. Beiträge zur Technik, Arbeitsorganisation, Qualifikation, Personalplanung und -entwicklung in der computerunterstützten Fertigung und Konstruktion. Köln 1985
245. SPRUTH, W.G.: Mündliche Mitteilung. Entwicklungslabor der IBM Deutschland, Böblingen 1990. – Expertengespräch
246. SPRUTH, W.G.: The Design of a Microprocessor: With Contributions by Members of the IBM Development Team. Springer, Heidelberg-Berlin-New York 1989
247. STAKERMANN, R.: Der Schaden der Kommunikationsintensität. Diskussionspapier 1981
248. STAUDT, E.: Innovationsforschung 1989. Bochum: Inst. für angewandte Innovationsforschung, 1989. – Jahresbericht
249. STEINBUCH, K.: Die Lernmatrix. In: Kybernetik **1** (1961/1), 36–45
250. SYRBE, M.: Forschung und Entwicklung an der Schwelle des dritten Jahrtausends. In: FhG-Berichte (1989), 4, 5–7
251. TAYLOR, F. W.: Die Grundsätze wissenschaftlicher Betriebsführung. Berlin, München 1919
252. THOMA, J.: Mündliche Mitteilung. Berlin: Kommission des Kabelpilotprojektes Berlin, 1990
253. URSUL, A.D.: Information. Eine philosophische Studie. Dietz, Berlin 1970
254. VDI-Gemeinschaftsausschuß CIM: CIM Management: Leitfaden des VDI-Gemeinschaftsausschusses CIM. VDI Verlag, Düsseldorf 1990
255. VEREIN DEUTSCHER INGENIEURE (VDI): Rechnerintegrierte Produktion und Konstruktion: Eine organisatorische, personelle und technische Herausforderung. VDI Verlag, Düsseldorf 1990
256. VEREIN DEUTSCHER INGENIEURE (VDI): Technikbewertung – Begriffe und Grundlagen. VDI Richtlinie 3780. VDI Verlag, Düsseldorf 1991
257. VOLMBERG, B.; SENGHAAS-KNOBLOCH, E.: Technikgestaltung und Verantwortung. Bausteine für eine neue Praxis. Suhrkamp, Frankfurt a.M. 1989
258. VOLPERT, W.: Mündliche Mitteilung. TU Berlin, Berlin 1990. – Expertengespräch
259. WALKE, B.: Digitale Nebenstellenanlagen und lokale Netze. In: Informatik-Spektrum **11** (1988), 9–28
260. WARFIELD, J.N.: Societal Systems – Planning, Policy and Complexity. Wiley Interscience, New York 1976
261. WEBER, M.: Gesammelte politische Schriften. München 1921

262. WEDEKIND, H.: Die Problematik des Computer Integrated Manufacturing. Zu den Grundlagen eines strapazierten Begriffes. In: Informatik-Spektrum **11** (1988), 29–39
263. WEHRT, H.: Der Begriff der Information und die Modifikation unserer Vorstellung von Materie. In: Kornwachs, K. (Hrsg.): Offenheit – Zeitlichkeit – Komplexität. Campus, Frankfurt-New York 1984, 366–413
264. WEIHMANN, G. (Hrsg.): Großtaten moderner Technik. Union Deutsche Verlagsgesellschaften, Stuttgart 1956
265. WEIZENBAUM, J.: Die Macht der Computer und die Ohnmacht der Vernunft. Suhrkamp, Frankfurt a.M. 1978
266. WEIZSÄCKER C.F. von: Die Einheit der Natur. Hanser, München 1971
267. WEIZSÄCKER, C.F. von: Der Garten des Menschlichen. Hanser, München 1977
268. WEIZSÄCKER, E.U. von (Hrsg.): Offene Systeme I. Klett, Stuttgart 1974
269. WEIZSÄCKER, E.U. von: Erstmaligkeit und Bestätigung als Komponenten der pragmatischen Information. In: Weizsäcker, E.U. von (Hrsg.): Offene Systeme I. Klett, Stuttgart 1974, 82–113
270. WEIZSÄCKER, Ch. von, WEIZSÄCKER, E.U. von: Eigenarbeit in der dualen Wirtschaft. In: Huber, J. (Hrsg.): Anders arbeiten, anders wirtschaften. Fischer, Frankfurt a.M. 1979, 1985, 91–103
271. WERSIG, G.: Informationssoziologie: Hinweise zu einem informationswissenschaftlichen Teilbereich. Frankfurt a.M. 1971
272. WIESELHUBER, N.; FRIEDRICH, R.: Technologische Herausforderung für Industrieunternehmen in der Bundesrepublik Deutschland und West-Berlin. München 1987
273. WINNER, L.: Do Artefacts have Politics? In: McKenzie, D.; Waicman, J. (Hrsg.): The Social Shaping of Technology. Open University Press, Milton Keynes 1985, 26–38
274. WINNER, L.: Autonomous Technology. 1965
275. ZEIGLER, B.P.: Theory of Modelling and Simulation. J.Wiley Interscience, New York-Toronto 1976
276. ZEIGLER, B.P.: Multifacetted Modelling and Discrete Event Simulation. Academic Press, London 1984
277. ZEMANEK, H.: Informale und formale Beschreibung (1). In: IBM Nachrichten (1972), Heft 211, 175–179
278. ZEMANEK, H.: Informale und formale Beschreibung (2). In: IBM Nachrichten (1972), Heft 212, 279–283